Julia Mülhausen,
Norbert Pütz
(Hrsg.)

Neue Mysterys im Biologieunterricht

9 rätselhafte Fälle zu Nachhaltigkeit und Ökologie

Mit Beiträgen von:
Prof. Dr. Markus Böggemann und
Victoria Grave M.Ed.

Friedrich Aulis

Bibliografische Information der Deutschen Nationalbibliothek
Die Deutsche Nationalbibliothek verzeichnet diese Publikation in der Deutschen Nationalbibliografie; detaillierte bibliografische Daten sind im Internet über http://dnb.d-nb.de abrufbar.

Impressum

Julia Mülhausen, Norbert Pütz (Hrsg.)
Neue Mysterys im Biologieunterricht
9 rätselhafte Fälle zu Nachhaltigkeit und Ökologie

2. Auflage

D-30159 Hannover

www.friedrich-verlag.de

Redaktion: Dirk Haupt, Leipzig
Realisation: Matthias Schiller
Druck: Zimmermann Druck und Verlag GmbH, Balve
Printed in Germany
ISBN: 978-3-7614-2997-6

Inhaltsverzeichnis

Vorwort

Mit populären Begriffen tut man sich oft schwer. Viele werden inflationär gebraucht und sind daher schwer zu fassen.

Der Begriff „Nachhaltigkeit“ ist ein solcher Begriff, er wird gern und werbewirksam von Politiker*innen[1] und Massenhersteller*innen benutzt – und nicht wenige stülpen sich mithilfe des Begriffs ein „grünes Mäntelchen“ (Stichwort „Greenwashing“) über und machen im Grunde weiter wie immer: „business as usual“.

Nachhaltigkeit ist aber ein Begriff, der uns alle angeht. Nicht nur „die da oben“ sind gefragt, sondern wir alle: mit unserem Konsum, unseren Essgewohnheiten, unserem Freizeitverhalten, unserem Mobilitätsanspruch und vielem mehr.

Nachhaltigkeit ist für jede*n, die*der darüber nachdenkt, auch ein emotionales Thema. Und wir alle sind hin- und hergerissen zwischen „man müsste eigentlich“ und „man wird ja noch leben dürfen“.

Nachhaltigkeit ist ein schwieriger Begriff und dennoch ist Nachhaltigkeit in diesem Band das zentrale Thema, denn es ist DAS zentrale Thema unserer Zeit. Zu viele zu gierige Menschen, zu viel Verschwendung – aber zu wenige Ressourcen. Das einleitende Kapitel bietet in gebotener Kürze einen Einstieg in die komplexe Thematik.

Das Stichwort Ressourcen zielt dabei auf die ökologische Nachhaltigkeitsdimension, die für Biolog*innen sowie im Biologieunterricht oft von besonderer Bedeutung ist. Wir brauchen das Thema Nachhaltigkeit im Unterricht, überall und immer öfter, um Schüler*innen angemessen auf die Zukunft vorzubereiten und ihnen Handlungsfähigkeit im Sinne des nachhaltigen Handelns mitzugeben.

Aufgrund verschiedener Dimensionen und Einflussgrößen sind nachhaltige Themen häufig komplex. Um Schüler*innen erfolgreich an die Prozesse und Zusammenhänge heranzuführen, erscheint die Mystery-Methode sehr geeignet, denn hier stellen sie Einzelinformationen in ein Netzwerk rund um eine zentrale Frage oder Aussage und finden zunehmend Zusammenhänge. Es ist zu hoffen, dass Schüler*innen Nachhaltigkeit als Notwendigkeit erkennen, den Rückbezug zu sich selbst ziehen und zunehmend verantwortungsbewusst handeln, so wie es Mahatma Gandhi formulierte: „Sei du selbst die Veränderung, die du dir wünschst für diese Welt.“

Das ist Bildung – ein mühsamer Weg, aber es ist der einzige Weg, der uns offensteht.

Königswinter, im April 2020

Julia Mülhausen und Norbert Pütz

1 Zur Verdeutlichung, dass die binäre Geschlechterzuordnung veraltet und diskriminierend ist, bedient sich dieses Mystery-Buch des „Genderstars“, um der Geschlechtervielfalt auch sprachlich Raum zu geben. Eine ausführliche Erläuterung hierzu liefert Kapitel 11: Er oder sie?

1. Nachhaltigkeit im Biologieunterricht und Handlungsfähigkeit der Schüler*innen

Norbert Pütz

Konsequenz in einem – wie auch immer organisierten – Biologieunterricht bedeutet, dass man die Probleme und Fragestellungen unserer modernen Welt nicht aus der Lebenswirklichkeit ausklammern kann. Dies sind Themen wie „Gesunde Ernährung", „Verhinderung des Klimawandels", „Bekämpfung der Zivilisationskrankheiten", „Natur schützen", „Arten schützen", „Lebensräume erhalten", „CO_2-Ausstoß vermindern", „Wasserqualität sichern" oder „Plastik im Meer".
Ein verantwortungsvoll lebender Mensch – und das ist das Kernziel (schulischer) Bildung – muss seine Stellung in der Welt begreifen und nachhaltig handeln.
Das alltagssprachliche Verständnis von „**nachhaltig**" meint, dass sich etwas auf längere Zeit stark auswirkt. So kann man beispielsweise „nachhaltig" mit seinen Kräften umgehen.
Das politische Verständnis im Sinne der Deutschen Nachhaltigkeitsstrategie meint „... der Weg in eine enkelgerechte Zukunft" (Die Bundesregierung 2016). Diese Sicht geht auf das Konzept der Nachhaltigkeit (sustainability) zurück, das im Brundtland-Bericht folgendermaßen definiert wurde:
„Nachhaltige Entwicklung ist eine Entwicklung, die die Bedürfnisse der Gegenwart befriedigt, ohne zu riskieren, dass künftige Generationen ihre eigenen Bedürfnisse nicht befriedigen können" (Hauff 1987, S. 11).
Diese „Nachhaltige Entwicklung" fußt auf den Dimensionen Ökologie, Ökonomie und Soziales. Die ökologische Dimension umfasst und beschreibt dabei die biologischen Systeme unserer Erde. Ökologisch nachhaltiges Verhalten bedeutet also, diese Systeme bewusst zu schonen und zu bewahren. Die soziale Dimension mahnt Gerechtigkeit an, denn es kann nicht sein, dass Menschen in vielen Regionen ausgebeutet werden und Menschen in anderen Teilen der Welt ihren Vorteil daraus ziehen. „Fair trade" ist hier einer der Schlüsselbegriffe. Die ökonomische Dimension schließlich verbindet Ökologie und Soziales zu einem Weltwirtschaftssystem, in dem wir alle leben können und das auch unseren Enkel*innen eine Zukunft ermöglicht. Im Kontext schulischer Bildung ist Nachhaltigkeit somit ein fächerübergreifendes Themenfeld.

1.1 UN-Ziele der Nachhaltigkeit

Nachhaltigkeit ist wohl eine der zentralsten Herausforderungen unseres Jahrhunderts. Sie ist eng mit der Problematik des Klimawandels verknüpft und im Zeitalter einer globalisierten Welt nicht allein auf nationaler Ebene zu lösen. Um eine internationale Ausrichtung zu ermöglichen, verabschiedeten die Vereinten Nationen im Jahr 2015 die 17 „Ziele für nachhaltige Entwicklung".[2]
Diese 17 Ziele werden vom Bundesministerium für wirtschaftliche Zusammenarbeit und Entwicklung wie folgt zusammengefasst:[3]
Ziel 1: Keine Armut
Armut in allen ihren Formen und überall beenden
Ziel 2: Kein Hunger
den Hunger beenden, Ernährungssicherheit und eine bessere Ernährung erreichen und eine nachhaltige Landwirtschaft fördern

2 https://de.wikipedia.org/wiki/Ziele_f%C3%BCr_nachhaltige_Entwicklung (Zugriff 01.12.2019)
3 https://17ziele.de/ziele/17.html vgl. auch die Originalversion unter https://www.un.org/sustainabledevelopment/sustainable-development-goals/ (Zugriff 21.12.2019)

Ziel 3: Gesundheit und Wohlergehen
ein gesundes Leben für alle Menschen jeden Alters gewährleisten und ihr Wohlergehen fördern
Ziel 4: Hochwertige Bildung
inklusive, gleichberechtigte und hochwertige Bildung gewährleisten und Möglichkeiten lebenslangen Lernens für alle fördern
Ziel 5: Geschlechtergleichheit
Geschlechtergleichstellung erreichen und alle Frauen und Mädchen zur Selbstbestimmung befähigen
Ziel 6: Sauberes Wasser und Sanitäreinrichtungen
Verfügbarkeit und nachhaltige Bewirtschaftung von Wasser und Sanitärversorgung für alle gewährleisten
Ziel 7: Bezahlbare und saubere Energie
Zugang zu bezahlbarer, verlässlicher, nachhaltiger und moderner Energie für alle sichern
Ziel 8: Menschenwürdige Arbeit und Wirtschaftswachstum
dauerhaftes, breitenwirksames und nachhaltiges Wirtschaftswachstum, produktive Vollbeschäftigung und menschenwürdige Arbeit für alle fördern
Ziel 9: Industrie, Innovation und Infrastruktur
widerstandsfähige Infrastruktur aufbauen, breitenwirksame und nachhaltige Industrialisierung fördern und Innovationen unterstützen
Ziel 10: Weniger Ungleichheit
Ungleichheit in und zwischen Ländern verringern
Ziel 11: Nachhaltige Städte und Gemeinden
Städte und Siedlungen inklusiv, sicher, widerstandsfähig und nachhaltig gestalten
Ziel 12: Nachhaltige/r Konsum und Produktion
nachhaltige Konsum- und Produktionsmuster sicherstellen
Ziel 13: Maßnahmen zum Klimaschutz
umgehend Maßnahmen zur Bekämpfung des Klimawandels und seiner Auswirkungen ergreifen
Ziel 14: Leben unter Wasser
Ozeane, Meere und Meeresressourcen im Sinne nachhaltiger Entwicklung erhalten und nachhaltig nutzen
Ziel 15: Leben an Land
Landökosysteme schützen, wiederherstellen und ihre nachhaltige Nutzung fördern.
Ziel 16: Frieden, Gerechtigkeit und starke Institutionen
friedliche und inklusive Gesellschaften für eine nachhaltige Entwicklung fördern
Ziel 17: Partnerschaften zum Erreichen der Ziele
Umsetzungsmittel stärken und die globale Partnerschaft für nachhaltige Entwicklung mit neuem Leben erfüllen.

Nachhaltigkeit ist nach diesen Zielen ein Maß für eine bessere Welt, in der alle Menschen jetzt und in Zukunft leben können. Wenn man aber bedenkt, dass innerhalb dieser 17 Ziele zudem ein Katalog von insgesamt 169 Zielvorgaben verabschiedet wurde, dann wird Nachhaltigkeit und Bildung für Nachhaltigkeit zu einer Mammutaufgabe.

1.2 Handeln

In der Schule sollten wir „verantwortungsvolles Handeln" gelernt haben – und dieses später als Lehrer*innen lehren. So jedenfalls sieht es beispielsweise das Niedersächsische Kultusministerium: *„Grundlage von Bildung ist der Erwerb von gesichertem Verfügungs- und Orientierungswissen, das die Schülerinnen und Schüler zu einem wirksamen und verantwortlichen Handeln auch über die Schule hi-*

naus befähigt" (Niedersächsisches Kultusministerium 2016, S. 10). Das wirksame und verantwortliche Handeln ist dabei zielorientiert und verlangt nach einer ethischen Maxime, nach einer Bewertungsskala. Wer bestimmt, was wir dürfen, was wir tun sollten oder eben nicht? Aus biologischer Sicht ist die ethische Maxime ziemlich eindeutig: Die Maxime unseres Handelns sollte auf Wertschätzung aller Lebewesen und nachhaltiger Entwicklung beruhen!

Leider ist es immer wieder schwierig, nachhaltige Entwicklung im Alltag zu realisieren. Jede*r von uns hat Gewohnheiten, die nachhaltiger Entwicklung entgegenstehen und wertschätzendes Verhalten unserer Umwelt gegenüber hemmen. Wie können wir es also schaffen, unser Verhalten zu verändern? Denkt man an „Silvestervorsätze", dann wird jeder*jedem schnell klar, dass eine Verhaltensänderung nicht ganz so einfach ist.

Das transtheoretische Modell der Verhaltensänderungen, das ursprünglich im Kontext der Psychotherapie (Suchtverhalten) konzipiert und heute auf viele Anwendungsfelder ausgeweitet wurde, erscheint als ein gutes Konzept, um zu verdeutlichen, wie Verhaltensänderungen entstehen bzw. beeinflusst werden (Keller 1999). Das zentrale Konstrukt des Modells ist die Verhaltensänderung als Prozess, der durch sechs verschiedene Stadien gekennzeichnet ist:

- Im **Absichtslosigkeitsstadium** haben Personen keine Absicht, ein problematisches Verhalten zu verändern.
- Im **Absichtsbildungsstadium** haben Personen die Absicht, irgendwann das problematische Verhalten zu verändern.
- Im **Vorbereitungsstadium** planen Personen konkret, demnächst ihr problematisches Verhalten zu ändern, und unternehmen erste Schritte in Richtung einer Verhaltensänderung.
- Im **Handlungsstadium** vollziehen Personen eine Verhaltensänderung.
- Im **Aufrechterhaltungsstadium** haben Personen seit einem längeren Zeitraum das problematische Verhalten aufgegeben.
- Im **Abschlussstadium** ist das alte Verhalten dauerhaft aufgegeben. Das neue Verhalten ist verinnerlicht und wird aufrechterhalten.

Erster Schritt jedweder Verhaltensänderung im Sinne einer Bildung für nachhaltige Entwicklung ist damit die Absichtsbildung, die einhergeht mit dem Wissen über Zusammenhänge und Auswirkungen des problematischen Verhaltens. Wie sich eine solche Absichtsbildung vollziehen kann, soll nachfolgend am Beispiel „Wasser" konturiert werden.

Wasser ist das Medium unseres Lebens und daher im naturwissenschaftlichen Unterricht immer wieder ein interessantes und wichtiges Thema (z. B. Molekülaufbau, Dipoleigenschaften, Aggregatzustände etc.).

Beim Wasser gibt es aber auch gesellschaftliche bzw. nachhaltige Sichtweisen: Wenn man bedenkt, dass schon heute nach vorsichtigen Schätzungen der NGOs (Nichtregierungsorganisation) 780 Millionen Menschen keinen Zugang zu sauberem Trinkwasser haben, ist es dann wirklich diskutierbar, ob Wasser ein Geschäft ist? Ist es nicht zynisch, wenn der Aufsichtsratsvorsitzende eines Weltkonzerns von Wasser als Rohstoff spricht, das „einen Wert hat und etwas kosten muss", und dabei 780 Millionen Menschen ausblendet, die kein sauberes Trinkwasser haben – schlimmer noch, diesen Menschen das Wasser vorenthält?[4]

Besonders brisant ist aber das **virtuelle Wasser**. Dies ist die Wassermenge, die bei der Herstellung eines Produkts anfällt. Bei der Herstellung eines Mikrochips werden beispielsweise 32 Liter verbraucht, bei einem T-Shirt etwa 2.400 Liter, bei einer Jeans 9.000 Liter und bei der Herstellung eines Kilogramms Rindfleisch 15.000 Liter Wasser. Mit einbezogen wird dabei auch der auf den ersten Blick ver-

4 Hierzu gibt es eine kurze Reportage: https://www.youtube.com/watch?v=CoOECk4UCkE und einen aufschlussreichen Kommentar: https://www.youtube.com/watch?v=TzL8nQcneTo (Zugriff 21.12.2019).

deckte Wasserverbrauch: Bei der Erzeugung von Rindfleisch ist nicht nur die Verwendung von Trinkwasser für die Tiere zu berücksichtigen, sondern auch die Bewässerung für Felder und Wiesen, welche das Futter für die Tiere liefern. Besonders problematisch wird es, wenn der Wasserverbrauch dort stattfindet, wo ohnehin schon wenig Wasser vorhanden ist (externer Wasserverbrauch). Nach dieser Bilanzierung werden in Deutschland pro Einwohner und Tag rund 4.000 Liter Wasser genutzt, wobei 2/3 dieser virtuellen Wassermengen außerhalb der Landesgrenzen verbraucht werden, und das leider häufig in eher ariden Gebieten (Sonnenberg et al. 2009).

Wasser ist Leben. Die Industrieländer leben auch beim Wasser auf Kosten anderer. Was kann man tun? Ein einfaches Beispiel ist das Konsumverhalten: Wer weniger bzw. bewusst kauft, verbraucht weniger virtuelles Wasser. Hier gibt es übrigens zwei Mysterys aus der Geografie für die Sekundarstufe 1 und 2 (Seewer & Gujer 2013 und Herdeg et al. 2013).

Ein anderes Beispiel betrifft die Ernährung: Menschen, die sich rein vegetarisch ernähren, benötigen statt 4.000 Liter „virtuellem Wasser" nur 2.800 Liter am Tag. Eine einzelne Bulette für einen Hamburger benötigt zur Herstellung 2.000 Liter Wasser. Ein Kilo Weizen hingegen verbraucht etwa 1.850 Liter Wasser. Daraus macht man dann zwei Laibe Brot. Wer sich bewusst ernährt, verbraucht also weniger virtuelles Wasser.

Das bringt uns zurück zu den Verhaltensänderungen nach dem transtheoretischen Modell mit den sechs Stadien (Absichtslosigkeit, Absicht, Vorbereitung, Handlung, Aufrechterhaltung und Abschluss). Bei einem laufenden Wasserhahn werden die meisten von Ihnen den Hahn schließen. Sie befinden sich vermutlich im Abschlussstadium des transtheoretischen Modells der Verhaltens**änderungen**, da Sie schon als Kleinkind gelernt haben, kein Wasser zu verschwenden. Wie sieht es aber mit dem Verzehr andalusischer Tomaten aus, bei denen die Wasserproblematik hoffentlich bekannt ist? Oder: Essen Sie gern Rindersteaks? Sollte man als ökologisch gebildeter Mensch nicht wissen, dass das nicht nachhaltig ist? Aber wie lange braucht es, damit wir ein Verhalten ändern in Richtung Nachhaltigkeit?

Beim Thema Wasser kann man schließlich sogar den **Klimawandel** ansprechen, denn Wasser bedeutet Lebensraum, der sich durch Einflussnahme des Menschen verändert.[5] Die Folgen der Erderwärmung durch den Klimawandel sind vielfältig und an dieser Stelle soll exemplarisch das Arktiseis Erwähnung finden. Wissenschaftler*innen des Alfred-Wegener-Instituts registrieren, dass seit Jahrzehnten (Messungen laufen seit 1978) die Eisfläche in der Arktis kontinuierlich schrumpft. Inzwischen kann gezeigt werden, dass zwischen den durch Menschen verursachten CO_2-Emissionen und dem Schmelzen der Eisflächen ein direkter Zusammenhang besteht (Notz & Stroeve 2016). Plakativ verdeutlichen die Autoren, dass eine Tonne Kohlenstoffdioxid die Fläche von etwa drei Quadratmetern Arktiseis schmelzen lässt. Dies kann man an Beispielen verdeutlichen:

- Ein Flug von Frankfurt am Main nach San Francisco lässt fünf Quadratmeter Eis in der Arktis verschwinden – pro Passagier*in!
- Ein Auto, das fünf Liter fossilen Treibstoff auf 100 km verbraucht, kann für eine Tonne Kohlenstoffdioxid (also für „drei Quadratmeter Eis") knapp 9.000 km weit fahren, ein SUV mit ca. 10 l Verbrauch kommt nur auf 4.500 Kilometer.
- Ein Containerschiff, das Waren global „verschiebt", verbraucht am Tag 180.000 Liter Diesel. Das sind 393 Tonnen Kohlenstoffdioxid, umgerechnet mehr als 1.000 Quadratmeter geschmolzene Eisfläche.

5 Zum Klimawandel selbst vergleiche die Ausführungen in Kapitel 5.

Wasser hat vielfache Bedeutungen für viele Organismen – auch das Eis der Arktis. Wenn die Entwicklung weiter anhält, ist die Arktis in wenigen Jahren im Spätsommer eisfrei – was für Organismen, wie den Eisbären, fatal werden wird. Und immer kann man Phänomene zurückbeziehen auf den individuellen Handlungsbedarf:

- Wir sollten weniger – besser gar nicht – fliegen.
- Wir sollten weniger Auto fahren – und wenn, ressourcenschonende Autos nutzen.
- Wir sollten weniger konsumieren und vor allem: regionale Produkte nutzen, um die Transportwege möglichst gering zu halten.

1.3 Bildung für nachhaltige Entwicklung

Im Jahr 2002 haben die Vereinten Nationen die Jahre 2005 – 2014 zur Weltdekade „Bildung für nachhaltige Entwicklung" ausgerufen.[6] Es ist eine Bildungskampagne, die Menschen ein zukunftsfähiges, „enkel*innengerechtes" Handeln ermöglichen soll. Menschen sollten so gebildet sein, dass sie die Auswirkungen des eigenen Handelns auf die Welt verstehen und fähig sind, verantwortungsvolle Entscheidungen zu treffen.[7] Um alle Ziele nachhaltiger Entwicklung zu erreichen, stufte die UNO eine entsprechende Bildung als essenziell ein.
Offenbar zeigen sich erste Erfolge der Bildungskampagne. Im Nachhaltigkeitsbarometer (Michelsen et al. 2016) wurden 1.500 Personen zwischen 15 und 24 Jahren aus ganz Deutschland im Rahmen einer repräsentativen Studie über ihre Einstellung zu Nachhaltigkeit befragt. Greenpeace und die Autor*innen verkünden, dass Nachhaltigkeit die junge Generation zunehmend bewegt. Ein Drittel der Befragten wurden als „Nachhaltigkeitsaffine" eingestuft.
Dieser Personenkreis zeigt Verhaltensänderungen bzw. nachhaltiges Handeln. Dies lässt sich im Alltag mit wenigen Maßstäben durchführen:
„Anders": Wie kann ich Ressourcen schonend nutzen?
„Weniger": Wie kann ich umweltbelastende Praktiken einschränken?
„Gerechter": Wie kann ich dazu beitragen, Ressourcen gerechter zu verteilen?

Anwenden lassen sich diese Richtlinien beispielsweise auf unsere Ernährung (Pütz 2017):
„Anders" meint den schonenden Umgang mit Ressourcen (keine Lebensmittel wegwerfen, mehr vegetarisch oder vegan konsumieren, keine Erdbeeren zu Weihnachten etc.).
„Weniger" umweltbelastende Praktiken sind unmittelbar umsetzbar durch die Nutzung regionaler Produkte, aber wiederum auch direkt durch Verzicht auf tierische Produkte.
„Gerechter" meint einerseits weniger Konsum, andererseits den Kauf von Fair-Trade-Produkten. Vor allem der Anbau von Kaffee, Tee, Kakao, Reis und Bananen geschieht häufig in Entwicklungsländern, zulasten von Arbeiter*innen und Umwelt. Auch Modeerscheinungen wie Avocados oder Quinoa belasten unseren Planeten durch Monokulturen und Abholzungen zu Gunsten von Anbauflächen.
Im Sinne einer enkel*innengerechten Zukunft stellt Nachhaltigkeit eine tägliche und lebenslange Herausforderung dar. Gerade unsere Schüler*innen sollten sich intensiv mit der Thematik befassen, denn es ist vor allem die Zukunft dieser Generation, die auf dem Spiel steht.
Eine Möglichkeit, um Schüler*innen eine solche Auseinandersetzung zu bieten, stellen die Mysterys in diesem Band dar.

6 https://de.wikipedia.org/wiki/Bildung_f%C3 %BCr_nachhaltige_Entwicklung (Zugriff 21.12.2019)
7 Nähere Informationen bietet das BNE-Portal: https://www.bne-portal.de/ (Zugriff 21.12.2019).

2. Die Mystery-Methode

Norbert Pütz

Nach der Entwicklung der Methode Ende der 1990er-Jahre (Leat 1998) für das Fach Geografie wurde die Methode im neuen Jahrtausend auch in Deutschland bekannt (Vankan et al. 2007). Inzwischen existieren im Unterrichtsfach Geografie eine Reihe interessanter Mysterys, die sich u. a. auch mit verschiedenen Aspekten der Nachhaltigkeit beschäftigen, beispielsweise mit Auswirkungen durch den Fremdenverkehr (Liesenberg 2012), Kinderarbeit auf Kakaoplantagen (Gebhard 2012), Palmöl (Coen & Wenz 2012) oder die Flutkatastrophe in Manila (Schuler 2012). Weitere interessante Beiträge sind auch *Die deutsche Erdbeere und ihre CO_2-Bilanz* (Funke 2013) und *Warum muss Imara hungern? Ein Mystery-Modul* (Henning 2016).
Die Mystery-Methode wird inzwischen auch in anderen Fächern angewandt, etwa in Geschichte (Kaufhold 2018), Chemie (Loose 2014) und insbesondere in der Biologie (Mülhausen & Pütz 2017). Aber was ist überhaupt ein Mystery?
Jedes Mystery beginnt mit einer rätselhaften, zunächst scheinbar widersprüchlichen Aussage, die es aufzulösen gilt. Die rätselhafte Aussage soll die Schüler*innen animieren, eine Lösung zu suchen. Die Erarbeitung der Zusammenhänge geschieht selbstständig, indem in Kleingruppen Fakten vorgelesen und zueinander in Beziehung gesetzt werden. Die Schüler*innen stellen Querverbindungen her und erschließen schließlich den Kontext sowie die Zusammenhänge des Rätsels.

Mysterys motivieren

Wissenschaftliche Untersuchungen versuchen mitunter, den Effekt einer Methode auf den Lernerfolg zu quantifizieren. Derartige Quantifizierungen sind mühsam und bleiben doch aufgrund des multifaktoriellen Systems einer Schule sowie der subjektiven Prägung immer etwas vage. Werden dann derartige Studien in Metastudien quantifiziert, dann ergeben sich mitunter Effektstärken, über die ein*e erfahrene*r Lehrer*in sich mitunter wundert. Mein Lieblingsbeispiel ist die Hattie-Studie (Hattie 2008). Hier wurde auf der Grundlage der Auswertung zahlreicher Metastudien eine Rangliste vieler Einflussfaktoren auf den schulischen Lernerfolg berechnet. Erstaunlicherweise blieben beispielsweise Klassengröße und Familienstruktur ohne nennenswerten Einfluss auf den Lernerfolg.
In den letzten Jahren wurden an der Universität Vechta diverse Projekt- und Masterarbeiten zu Mysterys durchgeführt – diese aber qualitativ in Form von Interviewstudien. Hierzu kamen verschiedenste Mysterys mit unterschiedlichen Fragestellungen in allen Klassen der Sekundarstufe 1 zum Einsatz. Interviews mit neun Lehrer*innen (Behrens 2014), 15 Lehramtsstudierenden (Riepenhausen 2013) oder 19 Schüler*innen (Riese 2018, Just 2018) zeigten in allen Fällen, dass die Befragten Mysterys grundsätzlich positiv beurteilten und als motivierend einschätzten.
Die Lehrer*innen hatten vorab an einer Fortbildung teilgenommen und dort einige Mysterys selbst durchgeführt, dann später in der Schule mit ihren Schüler*innen ein oder mehrere Mysterys durchgeführt. In anschließenden Interviews wurden organisatorischer sowie zeitlicher Aufwand der Methode vereinzelt kritisiert. Dennoch gaben alle befragten Lehrkräfte an, dass der Rätselcharakter der Mysterys die Motivation der Schüler*innen fördert, sich mit einer bestimmten Thematik auseinanderzusetzen.
Eine Lehrerin führt hierzu aus:
„Es war eine Unterrichtsstunde, wo ich nicht ein einziges Mal jemanden ermahnen musste, nicht zu quatschen. Und das in der Hauptschule. Das war schon ziemlich grandios (lacht)" (Behrens 2014, S. 44).
Ebenfalls befragt wurden die Masterstudent*innen eines Seminars im Fach Biologie. Nach einer kur-

zen Einführung lösten die Proband*innen in Kleingruppen hintereinander vier selbstgewählte Mysterys aus dem ersten Band in Dreiergruppen. Die Methode wurde von allen Probanden positiv bewertet und als motivierend bezeichnet, obwohl sie zu Beginn keinem der Befragten bekannt war. 13 der 15 Proband*innen empfanden die Art der Wissensvermittlung als effektiv.
Eine Studierende führt aus:
„Wenn ich so überlege, an wie viel ich mich noch erinnern kann, obwohl ich ja vier in relativ kurzer Zeit gemacht hab, (...) bleibt ganz viel hängen dadurch, dass man es geordnet hat, und dadurch, dass man auch das Rätsel lösen wollte“ (Riepenhausen 2013, S. 55).
In mehreren Studien wurden Mysterys zudem in Schulen durchgeführt und die Schüler*innen nach ihrer Einschätzung zur Methode befragt. Von 19 Schüler*innen in den Untersuchungen von Just (2018) und Riese (2018) waren Mysterys zunächst für alle Teilnehmer*innen unbekannt. Im Rahmen der in diesen Studien angelegten Kriterien bewerteten alle Befragten die Methode als „gut“, „eher gut“, oder „interessant“; dies aufgrund der rätselhaften Leitaussage, der Abwechslung der Methode oder der kooperativen Lernform, obgleich letztere nicht allen Schüler*innen zusagte.
In einer früheren Studie äußerte sich ein sechzehnjähriger Schüler (10. Klasse, Hauptschule) zum Mystery wie folgt:
„Es hat auf mich sehr stark gewirkt, weil in so einem Mystery muss man nachdenken. Dann merkt man sich die Sachen besser, wenn man sie zwei-, dreimal in der Hand hat, sich alles durchliest. Wenn dann alles ein Puzzle ergeben hat, weiß man, wo was hingehört“ (Völkerding 2014, S. 29).
Die Mystery-Methode ist problemorientiert. Sie ermöglicht es, komplexe Zusammenhänge anhand simpler, prägnanter Beispiele darzustellen, und schafft es so, eine Thematik mit der Lebenswirklichkeit der Schüler*innen zu verknüpfen. Interviewstudien belegen, dass auf diesem Wege einzelne Schüler*innen immer wieder erreicht und für ein Thema sensibilisiert werden können (vgl. die Aussage von Schüler*in B 13 in Oelfke et al. 2017). Man macht also manchmal den „fruchtbaren Moment im Bildungsprozess“ möglich – *„jene eigentümlichen Augenblicke, in denen blitzartig eine neue Erkenntnis in uns erwacht, ein geistiger Gehalt uns packt“* (Copei 1966, S. 17).

Mysterys vorbereiten

Mysterys lassen sich in der Schule vor allem als Einstieg in eine Unterrichtsreihe sinnvoll einsetzen, aber auch zur Erarbeitung komplexer Sachverhalte sind sie sehr geeignet. Ein Mystery wird bearbeitet in Hinblick auf die Lösung der Leitfrage bzw. -aussage; allerdings geht es eben nicht um „richtig“ oder „falsch“, sondern um sinnvolle Verknüpfungen von Einzelinformationen, um den Kontext des Rätsels zu verstehen. Diese Form der Erarbeitung ist für Schüler*innen in aller Regel neu und entsprechend ungewohnt. Es benötigt etwas Zeit, die Methode einzuführen und zu etablieren. Die Methode kann jedoch früh geübt werden, da sie sich auch für Themen eignet, die die Lebenswirklichkeit jüngerer Schüler*innen betreffen.[8]
Um ein Mystery durchzuführen, können die Kärtchen aus der Arbeitsvorlage dieses Bandes kopiert, ausgedruckt und zurechtgeschnitten werden. Im ersten Band wurde noch empfohlen, die Kärtchen zu laminieren, um sie immer wieder zu nutzen. Um Plastik zu vermeiden, verzichten wir inzwischen auf das Laminieren. Die ausgeschnittenen Kärtchen werden durchmischt und in einen Briefumschlag gesteckt. Auf den Briefumschlag wird die Leitfrage bzw. Leitaussage geschrieben. Die Erweiterungskärtchen werden ebenso vorbereitet und in – vom übrigen Kartensatz getrennte – Briefumschläge gesteckt. Außerdem sollte für jede Gruppe einmal der Arbeitsauftrag gedruckt werden. Bereitliegen sollten außerdem Flipchart-Blätter in der Größe DIN A2 sowie Klebestifte bzw. Klebepads. Die Klebepads sind bei laminierten Kärtchen vorzuziehen, da so das spätere Ablösen der Kärtchen ermöglicht wird.

8 beispielsweise mit dem Igel-Mystery aus dem ersten Band dieser Reihe (Mülhausen 2017)

Für Lehrkräfte, die die Mystery-Methode noch nie durchgeführt haben, empfiehlt sich der kurze Lehrfilm *Methodenbox Biologie – Was sind Mysterys?*[9]

Jede Mystery-Stunde beginnt mit der entsprechenden Leitaussage oder Leitfrage. Sie verbindet typischerweise zwei scheinbar widersprüchliche Aussagen miteinander und erregt die Aufmerksamkeit der Schüler*innen: „*Weil Michael großzügig ist, könnte Linda an einem Schnupfen sterben*". Für die Schüler*innen stellt sich hier die Frage, wie Großzügigkeit den Tod eines Menschen verursachen kann. Die Leitaussage kann aber auch an sich rätselhaft sein: „*Charles vermutet und erfährt nie, dass er recht hat.*" Möglich ist auch die Formulierung als Frage: „*Warum kann Maria ihrer besten Freundin Anne nicht helfen?*"[10]

Die Leitaussage bzw. Leitfrage kann vielfältig präsentiert werden, z. B. durch einfaches Vorlesen, durch Auflegen einer Folie, durch eine Einstiegsgeschichte oder durch einen stummen Impuls. Die zentrale Aufgabe für die Schüler*innen besteht nun darin, die zunächst verwirrend erscheinende Aussage nachzuvollziehen. Sie äußern Vermutungen, in welchem Bedeutungszusammenhang diese Leitaussage oder Leitfrage steht, gefolgt von einer kurzen Aussprache im Plenum. Aufgrund der fehlenden Hintergrundinformationen sind die Überlegungen spekulativ; gerade deswegen sind sie aber mit einer hohen Motivation für die Schüler*innen verbunden.

Nun folgt die Erarbeitungsphase. In 30 bis 45 Minuten sollen die Schüler*innen die Einzelfakten auf den Kärtchen lesen und in Beziehung setzen, um so das Rätsel zu lösen. Hierzu bekommen sie zusammen mit dem Arbeitsauftrag, einem leeren Plakatbogen (DIN A2) und den Klebepads die Umschläge ausgehändigt, in denen sich die ungeordneten Kärtchen befinden. Auf den Kärtchen stehen Einzelinformationen, die zur Beantwortung der Leitaussage oder Leitfrage nötig sind. Zugleich befinden sich im Umschlag einige wenige Kärtchen mit Informationen, die zwar zum Kontext passen, aber zur Beantwortung nicht unbedingt nötig sind. Aufgabe der Schüler*innen ist es nun, die Kärtchen einzeln aus dem Umschlag zu nehmen, einander vorzulesen und sie sukzessiv auf dem Plakatbogen auszulegen.

Bei der erstmaligen Durchführung eines Mysterys ist darauf zu achten, dass die Schüler*innen den Arbeitsauftrag gründlich lesen und entsprechend handeln. Wichtig ist, dass Kärtchen für Kärtchen vorgelesen wird, egal, ob dies stets dieselbe Person in einer Gruppe macht oder ob sich die Schüler*innen der Gruppe abwechseln. Wesentlich ist, dass alle Schüler*innen den Inhalt des Kärtchens begreifen und dann aktiv bei der Integration der Kärtchen in das Legekonstrukt (siehe unten) mitwirken. In aller Regel genügt es, wenn zu Beginn des Mysterys die Gruppen beobachtet werden und eventuell regulierend eingegriffen wird. Bei leistungsschwachen Klassen kann es hilfreich sein, das Prinzip mit einigen wenigen DIN-A5-Kärtchen zu demonstrieren.

Haben die Schüler*innen die Vorgehensweise verstanden, dann können sie nach dem Vorlesen die Kärtchen zu Gruppen zusammenfügen und im Anschluss auch Querverbindungen festlegen. Sie erstellen ein **Legekonstrukt**, in dem die Kärtchen immer wieder verschoben und neu zugeordnet werden können. Unter Einbezug von Vorerfahrungen Einzelner sollte das Legekonstrukt in der Gruppe diskutiert werden, bis ein für alle Schüler*innen der Gruppe befriedigendes Ergebnis vorliegt. Die Kärtchen können aufgeklebt und die Beziehungen zueinander durch Pfeile kenntlich gemacht werden.

Während der Erarbeitungsphase bestehen potenzielle Schwierigkeiten, die den Erfolg der Methode beschränken können, beispielsweise eine heterogene Lesekompetenz. Hier sollte die*der Lehrende entsprechend eingreifen:

- Die Kärtchen müssen langsam und sorgfältig vorgelesen werden. Jede Information kann wichtig sein.

9 https://www.youtube.com/watch?v=NW6nRvSNmrg (Zugriff 22.12.2019)

10 alle Leitaussagen aus Mülhausen & Pütz 2017

- Mitunter werden Kärtchen ausgelegt, obwohl ihr Inhalt scheinbar nicht verstanden wurde. Hier sollte die Lehrperson gezielte Fragen zu dem Inhalt der Kärtchen stellen.
- Das Ordnen der Kärtchen fordert die Fähigkeit der Schüler*innen, inhaltliche Bezüge und begründete Zusammenhänge herzustellen. Viele Schüler*innen neigen zu vereinfachten, linearen Anordnungen. Dadurch bleiben einzelne Kärtchen jedoch isoliert. Wirksamer ist die Anordnung zu inhaltlichen Gruppen, die dann mithilfe von Pfeilen kausal verknüpft werden können.
- Das Herstellen dieser Bezüge stellt für viele Schüler*innen den komplexesten Arbeitsschritt dar. Um Erfolg zu gewährleisten, ist es häufig notwendig, die Kärtchen noch einmal neu zu sortieren, um alle relevanten Kärtchen in einen Zusammenhang zu integrieren. Die Lehrperson kann hier kritische Fragen zur Logik des Legekonstrukts stellen und eventuell mit den Ergebnissen einer anderen Gruppe vergleichen lassen.
- Schüler*innen neigen typischerweise zu einer „schnellen" Auflösung des Mysterys. Damit ein Legekonstrukt aussagekräftig ist, sollte es jedoch gute Quervernetzungen aufweisen!

Einer Differenzierung innerhalb der Klasse wird Rechnung getragen, indem Zusatzumschläge mit Kärtchen angeboten werden, die weitere Informationen zum Thema beinhalten. Schüler*innengruppen, die mit ihrem ersten Satz an Kärtchen schnell ein aussagekräftiges Legekonstrukt erstellt haben, wird so die Möglichkeit geboten, sich vertiefend mit Teilaspekten zu beschäftigen.
Das Grundmuster aus Mystery- bzw. Erweiterungskärtchen kann im Einzelfall verändert sein. So gibt es beispielsweise in diesem Band ein Mystery, das aus 16 Basiskarten besteht und um zweimal acht Zusatzkärtchen erweitert werden kann (vgl. Kapitel 5).
Nach der Erarbeitungsphase werden die Ergebnisse, die Lösung der Leitaussage oder -frage sowie das Legekonstrukt besprochen bzw. präsentiert, beispielsweise durch einen Galerie- oder Museumsgang (Spörhase & Ruppert 2018). Dies ist ein sehr wichtiger Aspekt, da die Schüler*innen einige Mühe investiert haben und starkes Interesse daran zeigen, dass ihre Arbeit wahrgenommen wird. Häufig bietet diese Phase Gelegenheit zu Diskussionen. Es ist für die Schüler*innen interessant zu sehen, dass andere Gruppen ganz anders (oder genau wie sie) vorgegangen sind. Im Anschluss an die Präsentationsphase nennen die Schüler*innen ihre Antwort auf die Leitaussage oder -frage. In der Regel resultiert hieraus im Plenum eine kurze Diskussion. Im Idealfall ist sie bereits möglichst differenziert. Die Antwort kann nun auf Folie geschrieben oder auf den Plakaten der einzelnen Gruppen festgehalten werden. Nach dieser Phase der umfassenden Erarbeitung kann die Reflexion und Festigung der Thematik erfolgen, indem die Schüler*innen die besprochenen Ergebnisse schriftlich festhalten oder ein Arbeitsblatt dazu ausfüllen. Optional können die einzelnen Gruppen ihr Plakat als Fotografie sichern. Das Plakat kann gegebenenfalls für zukünftige Stunden aufgehoben werden, wo es als Erinnerung oder Impuls für vertiefende Erarbeitung dient. Auch als eine Art Advance-Organiser[11] für eine anstehende Unterrichtsreihe eignen sie sich.
Ein gelegentlicher Kritikpunkt an Mysterys ist der hohe Zeitaufwand für die geringe Menge an „Stoff", die damit zu bearbeiten ist. Eine hohe Marge ist jedoch nicht Ziel der Methode! Ein Mystery ist eine Methode, die neben der Fragestellung einen komplexen Denkvorgang anregen soll. Schließlich geht es im Schulalltag nicht nur darum, mit einer möglichst hohen Frequenz Fakten zu vermitteln. Es geht um Handlungsfähigkeit. Hierzu ist es zunächst notwendig, die Einzelinformationen in einen vernetzten Zusammenhang zu bringen und dann zu reflektieren, welche Auswirkungen individuelle Handlungen in diesem Kontext haben können. Viele Mysterys brauchen Zeit, und in aller Regel sind 45 Minuten viel zu kurz für Schüler*innen, die die Verknüpfung und das „In-Beziehung-Setzen" von Informationen noch üben müssen!

11 http://methodenpool.uni-koeln.de/download/organizer.pdf (Zugriff 22.12.2019)

2.3 Mysterys zu Ökologie und Nachhaltigkeit in der Biologie

Der Biologieunterricht in den Schulen soll die Schüler*innen auch in Hinblick auf individuelle oder gesellschaftliche Probleme befähigen, naturwissenschaftlich-biologisch fundiert zu handeln:
„*Grundlage von Bildung ist der Erwerb von gesichertem Verfügungs- und Orientierungswissen, das die Schülerinnen und Schüler zu einem wirksamen und verantwortlichen Handeln auch über die Schule hinaus befähigt*" (Niedersächsisches Kultusministerium 2007).
Mysterys sollen das vernetzende Denken sowie die Problemlösekompetenzen der Schüler*innen gezielt fördern (Leat 1998, Vankan et al. 2007, Mülhausen & Pütz 2017). Betrachtet man die Herangehensweise eines Mysterys, dann üben die Schüler*innen genau das, was eine Problemlösekompetenz ausmacht:

- Einzelinformationen oder sogar nur Fragmente von Informationen werden gesammelt.
- Das (naturwissenschaftliches) Vorwissen wird aktiviert.
- Die Einzelbestandteile werden in Gedanken geordnet.
- Verbindungen werden geschaffen.
- Wichtiges wird von Unwichtigem getrennt.

Schließlich werden Schlussfolgerungen gezogen, um das Problem zu verstehen bzw. zu lösen.
Das Mystery visualisiert durch die Kärtchen die Denkprozesse „Ordnen", „In-Beziehung-Bringen" von Fakten und „Vernetzen" von Einzelinformationen. In dieser Hinsicht erscheint die Aussage, dass Mysterys die Fähigkeit zum vernetzten Denken fördern, durchaus plausibel.
Hilfreich ist dabei, dass gute Mysterys der Lerntheorie des gemäßigt-konstruktivistischen Ansatzes folgen. Die fünf Leitlinien zur Förderung des problemlösenden Denkens (authentisches Problem, multipler Kontext, multiple Perspektiven, sozialer Kontext, instruktionale Unterstützung) werden durch die Mystery-Methode alle erfüllt (vgl. die Ausführungen bei Pütz 2017).
Nachhaltigkeitsthemen sind fast immer komplex und multiperspektivisch, dabei aber zunächst eher abstrakt. Die Themen scheinen die Lebenswelt der Schüler*innen nicht oder kaum zu treffen. Insbesondere das Mystery kann eine Lernsituation schaffen, in der das Rätsel motiviert und das authentische Problem die*den Lernende*n weiterhin interessiert, da die verschiedenen Perspektiven durch Cluster auf dem Legekonstrukt visualisiert und damit verdeutlicht werden.
Auch wenn eine empirische Fundierung aussteht, so erscheint die Mystery-Methode – sofern sie sorgfältig durchgeführt wird – sehr geeignet, um Einzelaspekte unterschiedlichster Themen und deren Beziehungen und Zusammenhänge für die*den Lernende*n greifbar und nachvollziehbar darzustellen.
Nachhaltigkeitsthemen haben dabei verschiedene Perspektiven, beispielsweise politische, soziologische, geografische, geschichtliche oder biologische, und sind oft besonders komplex. Wesentlich erscheint dies in Hinblick auf die ökologische Säule der Nachhaltigkeit, denn – und jetzt kommen wir zum Kern der Sache – damit rückt die Biologie bzw. der naturwissenschaftliche Unterricht in den Fokus. Ob „Plastikinseln" im Meer oder der Konsum von Milch oder Tieren – immer verdeutlichen Fakten die ökologische Bedeutung – und diese Fakten zu erkennen, zu verstehen und in einen kausalen Zusammenhang zu bringen, das ist die Aufgabe eines guten naturwissenschaftlichen Unterrichts!
Mysterys können aufgrund der besonderen Erarbeitungsform im Unterrichtsgeschehen ein wichtiger Baustein sein in Hinblick auf das Ziel, nachhaltig fundiert handelnde Menschen auszubilden.

2.4 Zielsetzung der Mysterys im Biologieunterricht

Die Rechtfertigung der methodischen Vorgehensweise anhand der anzustrebenden Kompetenzen gelingt auf der Basis der Bildungsstandards (KMK 2005) bzw. der entsprechenden Umsetzungen durch die Länder. Es würde den Rahmen dieses Bandes sprengen, würden für alle hier vorgestellten Mys-

terys die Kerncurricula der Länder nach passenden Kompetenzen durchforstet werden – zumal sich die Länder leider nicht an die vereinbarten Bildungsstandards der KMK halten, sondern diese „je nach Bedarf“ abändern (Pütz 2015).
Erwartete Kompetenzen nach dem Kerncurriculum Niedersachsen für die Oberschule (Niedersächsisches Kultusministerium 2013) sind beispielsweise:

Kompetenzbereich: Kommunikation

Segment innerhalb des Kompetenzbereichs	am Ende des Schuljahrgangs 8	zusätzlich am Ende von Schuljahrgang 10
Fach- und Symbolsprache verwenden	• Formulieren biologischer Sachverhalte in der Fachsprache • Veranschaulichen biologischer Sachverhalte durch geeignete Symbole	
Quellen nutzen	• Auswerten von Informationen aus unterschiedlichen Quellen	• Informationsquellen selbstständig und kritisch nutzen • zwischen relevanten und irrelevanten Informationen unterscheiden

Kompetenzbereich: Bewertung

Segment innerhalb des Kompetenzbereichs	am Ende des Schuljahrgangs 8	zusätzlich am Ende von Schuljahrgang 10
Argumente entwickeln	• Argumente in komplexeren Entscheidungssituationen entwickeln	• zwischen naturwissenschaftlichen und ethischen Argumenten unterscheiden • Argumente aus unterschiedlichen Perspektiven entwickeln
Argumente überprüfen und gewichten	• Überprüfen von Argumenten, indem Folgen eigenen Handelns abgeschätzt werden • Argumente unter Anleitung gewichten	• Informationsquellen selbstständig und kritisch nutzen • zwischen relevanten und irrelevanten Informationen unterscheiden
Entscheidungen treffen	• Entscheidungen auf Grundlage gewichteter Argumente treffen	• auf Basis eigener Gewichtungen begründete Entscheidungen in komplexen Fällen treffen

Inhaltsbezogene Kompetenzen: Basiskonzept „System“

Segment innerhalb des Kompetenzbereichs	am Ende des Schuljahrgangs 8	zusätzlich am Ende von Schuljahrgang 10
Ökosystem und Biosphäre		• Veränderungen in einem Ökosystem durch Eingriffe des Menschen erläutern • das Prinzip einer nachhaltigen Entwicklung erklären

Aus inhaltlicher Sicht können Ziele einer Mystery-Stunde detaillierter operationalisiert werden. Für das Mystery *Weißes Gold* könnte beispielsweise formuliert werden: „Die Schüler*innen erläutern den Begriff ‚Ökobilanzierung‘ am Beispiel der Milch.“

Aber: So wichtig die Kompetenz-Phrasierung auch sein mag, um Unterricht zielorientiert durchzuführen – und wie wichtig inhaltliche Fokussierungen auch sein mögen: Im Wesentlichen erweitern die Schüler*innen in jeder Mystery-Stunde ihre Fähigkeiten in Hinblick auf Informationsvernetzung und auch das kann deutlich operationalisiert werden: „Die Schüler*innen konstruieren ein Informationsnetz in Form eines Legekonstrukts zum Thema ‚xyz'."
Und derartige Vernetzungen werden dann zu einem gelungenen Bildungsprozess, wenn es gelingt, die Schüler*innen und ihr eigenes Verhalten einzubeziehen. Schüler*innen kommen dann dem übergeordneten Ziel des „*wirksamen und verantwortlichen Handelns*" (Niedersächsisches Kultusministerium 2007, S. 7) ein Stück näher. Dieser Anspruch eines schlussfolgernden Denkens gelingt nicht allein durch ein Mystery, sondern – und dafür sind Fachlehrer*innen da – es gelingt durch kompetente Ergebnissicherung, Erläuterung und Vertiefung.

3. Aylins Vater hat weniger Arbeit und im Garten ist es still. – Mystery zum Wildbienensterben

Victoria Grave, Julia Mülhausen und Norbert Pütz

Grundsätzliches

Eine Herausforderung, die immer wieder politische wie auch mediale Aufmerksamkeit erregt, ist das „Bienensterben" oder genauer: das „Wildbienensterben". Denn die beiden Begriffe beschreiben nicht das gleiche Phänomen.
Viele Laien assoziieren mit der Biene automatisch die Honigbiene. Wenn aber „Bienensterben" nur auf die „Honigbiene" fokussiert, dann ist die Diskussion durchaus kontrovers. Filme wie *More than Honey* haben die Bedrohung der Honigbiene aufgrund der globalisierten, industriellen Landnutzung (Pestizideinsatz, Monokulturen, Varroamilbe etc.) dargestellt. Es existieren jedoch Stellungnahmen von Bienenexpert*innen, die ein Aussterben der Honigbienen nicht erwarten, solange sie von Imker*innen gezüchtet bzw. gehalten werden (Sontheimer 2019).[12]
Als Fachbegriff bezieht sich der Begriff auf die Wildbienen, von denen es etwa mehrere Hundert Arten allein in Deutschland gibt. Da *„mehr als 50% der deutschen Wildbienenarten auf der Roten Liste gefährdeter Arten stehen"*[13], hat sich der Begriff „Bienensterben" gebildet.
Das vorliegende Mystery in diesem Kapitel beschäftigt sich deshalb mit dem Sterben der Wildbienen und klammert die Honigbiene als kultiviertes Nutztier aus. Die Wildbienenthematik ist wissenschaftlich recht eindeutig und deshalb sehr gut geeignet, bei den Schüler*innen ein ökologisches Verständnis zu vermitteln, das sich mit Handlungen verknüpfen lässt (z. B. Blumenwiesen aussäen).
Dieses ökologische Verständnis ist zugleich eine wichtige Komponente in Bezug auf Bildung für nachhaltige Entwicklung, da „Wildbienensterben" auf UN-Ziel 15 fokussiert (Leben an Land: Landökosysteme schützen, wiederherstellen und ihre nachhaltige Nutzung fördern).

Informationen zu Wildbienen in Deutschland

Der Begriff „Wildbiene" ist ohne systematische Bedeutung. Er wird in vielen populären Darstellungen verwendet, um zu zeigen, dass neben der Honigbiene viele weitere Bienen existieren. In der systematischen Einteilung der Bienen (Apoidea) werden allein in Deutschland 560 Arten unterschieden (von der Ohe 2018), die wild lebend in der Natur vorkommen und vom Menschen nicht gezielt als Nutztier gehalten werden. Dazu zählen unter anderem Sand- und Erdbienen, Holzbienen, Hummeln und Mauerbienen.
Entsprechend groß ist die Varianz ihrer Erscheinung in Farbe und Körperbau. Einige werden nicht größer als 1,3 mm, andere bis zu 3 cm. Sie ernähren sich rein vegetarisch von Nektar und Pollen (Chadwick et al. 2017).
Nektar für die *eigene* Versorgung sammeln Wildbienen an fast allen Pflanzen.[14] Für die Versorgung der Brut sammeln die Bienen Pollen, hierbei werden Generalisten (sogenannte polylektische Arten) und Spezialisten (sogenannte oligolektische Arten) unterschieden.

---

12 Wer die Honigbiene im Zusammenhang mit dem Bienensterben im Unterricht als Mystery behandeln möchte, der*dem sei das Mystery von Mudder & Pütz (2017) empfohlen.
13 https://de.wikipedia.org/wiki/Bienensterben#cite_note-1 (Zugriff 22.12.2019)
14 https://mecklenburg-vorpommern.nabu.de/tiere-und-pflanzen/insekten-und-spinnen/bienen-und-co/wildbienen/20992.html (Zugriff 22.12.2019)

Die ökologischen Generalisten sammeln ihre Nahrung an Pflanzen aus verschiedenen Familien. Etwa 30 % der Bienenarten sind aber mehr oder weniger spezialisiert und nutzen zur Beschaffung ihrer Nahrung ausschließlich die Vertreter *einer* Pflanzenfamilie, wobei sich 90 % dieser oligolektischen Bienenarten beim Sammeln des Pollens auf die Familien der Korbblütler, Kreuzblütler, Lippenblütler, Schmetterlingsblütler, Doldenblütler und Glockenblumengewächse spezialisiert haben.[14] Bei etlichen Bienenarten erfolgte in der Co-Evolution eine sehr enge Spezialisierung auf wenige Pflanzengattungen oder -arten. Die Zaunrüben-Sandwespe beispielsweise hat sich, wie der Name schon sagt, auf die beiden Zaunrübenarten (Gattung *Bryonia*) spezialisiert (Venne 2015).

Wildbienen bauen ihre Nester in Erdhöhlen, in morschem Holz, in Pflanzenstängeln oder auch an Steinen oder Baumstämmen. Im Gegensatz zur Honigbiene leben 95 % der Wildbienenarten solitär. Die Weibchen bauen ihre Nester allein, legen die Eier ab und statten diese mit Proviant aus Pollen aus. Im Laufe ihres vier- bis sechswöchigen Lebens wird ein Weibchen etwa 30 Brutzellen anlegen. Manche Wildbienenarten leben aber auch in Kollektiven mit bis zu 500 Tieren zusammen und betreiben Brutpflege, wie z. B. die meisten der 36 Hummelarten in Deutschland. Den Winter überleben nur die Königinnen, die sich geschützte Verstecke suchen und im nächsten Jahr ein neues Volk gründen.[15]

Durch ihren hervorragenden Orientierungssinn finden Wildbienen ihr Nest wieder, indem sie sich an bestimmten Markern ihrer Umgebung orientieren. Dies können z. B. Steine, Schneckenhäuser oder Wurzeln sein.

Wildbienen gehören zu den Stechimmen. Ihr Stachel hat sich aus dem Legeapparat entwickelt. Daher haben nur die Weibchen einen Wehrstachel, der allein der Verteidigung dient. Entsprechend sind Bienen wenig aggressiv oder angriffslustig.[16] Sie wehren sich höchstens, wenn sie sich extrem bedroht fühlen, beispielsweise wenn sie eingequetscht werden.

Als Bestandteil ihres jeweiligen Biotops stellen Wildbienen die Nahrungsgrundlage einiger Vogelarten dar, wie z. B. Meisen, Schwalben oder Spatzen. Besonders wesentlich ist die immense Bedeutung der Wildbienen bei der Bestäubung der Pflanzen, denn beim Besuch der Blüten bleibt nebenbei Pollen am Fell der Bienen hängen, wird zur nächsten Blüte transportiert und gelangt dort auf die Narben. So wird die Bestäubung der Pflanze ermöglicht. Eine Wildbiene kann bis zu 5000 Blüten pro Tag besuchen. Studien verdeutlichen, dass Wildbienen bei der Bestäubung deutlich effektiver sind als Honigbienen (Willinger 2014). Sie stellen somit wichtige Bestandteile eines funktionierenden Biotops dar und tragen wesentlich zum Erhalt der botanischen Artenvielfalt bei. Auch für den Menschen haben sie große, nämlich ökonomische Bedeutung: Fast ein Drittel der Nutzpflanzen wird ausschließlich von Wildbienen bestäubt. Würden die Wildbienen aussterben, könnte es sein, dass etwa ein Drittel des Nahrungsangebots wegfiele, darunter viel Obst und Gemüse.

Naturschutzverbände zählen Insekten, indem sie Fallen aufstellen. Untersuchungen in 63 Schutzgebieten über einen Zeitraum von 27 Jahren zeigen einen Rückgang der Biomasse flugfähiger Insekten von 75 % (Hallmann et al. 2017). Während 1995 noch 1,6 kg Bienen, Wespen, Fliegen und Schmetterlinge in den Untersuchungsfallen waren, sind es heute maximal 300 g.

Entsprechend reduziert sich auch der Bestand der Wildbienen. Der Rückgang an Biomasse (Zahl der Individuen) hat dabei bedrohliche Ausmaße angenommen, denn von den in Deutschland lebenden 560 Wildbienenarten sind inzwischen über 60 % vom Aussterben bedroht (von der Ohe 2018). Die Gründe für dieses Wildbienensterben sind vielfältig: immer weniger Lebensraum und Futterpflanzen sowie zunehmender Einsatz von Insektiziden (von der Ohe 2018).

So können Wildbienen in Gegenden mit intensiver Landwirtschaft kaum noch überleben.[17] Dies liegt einerseits an den ausgedehnten Monokulturen, die den Wildbienen kaum Nahrung oder Nistmög-

15 https://de.wikipedia.org/wiki/Hummeln (Zugriff 22.12.2019)
16 https://www.naturgartenfreude.de/wildbienen/aggressivit %C3 %A4t/ (Zugriff 22.12.2019)
17 https://www.bund.net/themen/tiere-pflanzen/wildbienen/bedrohung-schutz/agrarindustrie/ (Zugriff 22.12.2019)

lichkeiten bieten. Zudem kommen Pflanzenschutzmittel zum Einsatz, die nicht nur für die Pflanzenschädlinge, sondern auch für die Wildbienen tödlich sind.
Weniger Lebensräume sowie weniger Futterpflanzen hängen aber auch mit der Aktivität des Menschen zusammen: Große Städte und Gemeinden stellen für Wildbienen häufig lebensfeindliche Umgebungen dar. Straßenböschungen werden oft zu früh gemäht, nämlich vor der Blüte, sodass auch hier das Überleben der Bienen eingeschränkt wird.
Und nicht zuletzt sind die modernen Gärten problematisch. Gartenabfälle werden rasch weggeräumt, Wildblumen als Unkraut gejätet, stattdessen werden hübsch anzusehende Pflanzen aus dem Gartencenter eingepflanzt. Diese gezüchteten Pflanzen haben aber leider meist keinen Nutzen für Wildbienen. Die aktuell in Mode gekommene Gestaltung von Stein(wüsten)gärten ist dabei nur die jüngste Form der Lebensraumvernichtung.
Insektenhotels können als Nistplätze für Wildbienen dienen. Hauptsächlich wertvoll sind sie aber, um Verständnis für die Wildbienen zu wecken, denn mit einem naturnahen Garten kann man weit mehr erreichen. Lässt man abgestorbene Bäume, Hölzer oder auch den Baum- und Strauchschnitt im Garten liegen, so schafft man Lebensräume sowie geeignete Nisthilfen und -plätze. Eine Wiese mit heimischen Pflanzen bietet Wildbienen Nahrung. Der Verzicht auf Gifte im eigenen Garten sollte schon aus eigenem Interesse selbstverständlich sein.

Informationen zur Story im Mystery

Im Wesentlichen besteht das Mystery aus Informationskarten zu Wildbienen. Die menschlichen Protagonisten sind Aylin und ihr Vater. Aylins Familie lebt auf dem Land, ringsum befinden sich Felder, auf denen Mais, Weizen und Raps angebaut werden. Aylin lebt gern auf dem Land und seit sie klein ist, hilft sie ihren Eltern bei der Gartenarbeit. In Aylins Garten summt es aber längst nicht mehr so stark wie früher. Auch Spatzen und Kohlmeisen sind kaum noch zu hören. Aylins Vater fällt auf, dass es seit einiger Zeit nicht mehr so viel Arbeit ist, dic Windschutzscheibe seines Autos sauber zu machen.
Diese Beschreibung setzt die Leitaussage in Szene. Offenbar gibt es weniger Insekten. Der Anbau von Mais, Weizen und Raps deutet auf eine Gegend mit intensiver Landwirtschaft hin. Zudem wird Bezug auf die Gartengestaltung genommen: Die Gärten in der Nachbarschaft sind ordentlicher geworden und der Nachbar läuft regelmäßig mit einer gelben Spritzflasche herum. Als Ergänzungskarten dienen einige Bilder, der Mähroboter und der Steinwüstengarten verdeutlichen die wildbienenfeindliche Szenerie.
Aylin findet schließlich tote Hummeln und ist besorgt. Sie wusste nicht, dass es so schlecht um die Wildbienen steht. Sie möchte ihnen gern helfen, weiß aber nicht, wie sie das umsetzen soll.

Vorschläge zur Durchführung des Mysterys

Die Zusammenhänge des Mysterys sind recht eindeutig: Es gibt weniger Wildbienen, weil diese weniger Lebensraum bzw. weniger Futterpflanzen finden und ihnen zudem der Einsatz von giftigen Pflanzenschutzmitteln zusetzt.
Nach der Durchführung des Mysterys[18] dient die letzte Frage aus Arbeitsvorlage 1 dazu, Aylins Problem zu lösen. Wie könnte Aylin den Wildbienen helfen?
Lösungen sind auf verschiedenen Ebenen möglich. Die erste Ebene ist der eigene Garten. Hier könnte beispielsweise ein Insektenhotel aufgestellt werden. Noch besser wäre es, den Garten insgesamt naturnäher zu gestalten und Blumenwiesen als Nahrung auszusähen. Auf zweiter, nämlich nachbarschaftli-

18 Man beachte hier die allgemeinen Hinweise aus Kapitel 2.

cher Ebene könnten Veränderungen über Gespräche realisiert werden: Sind blühende Pflanzen nicht schöner als Steine? Gibt es Alternativen zum Gifteinsatz? Selbst Nachbarschaftsinitiativen im Sinne der Wildbienen sind ja nicht unmöglich. Die dritte Ebene stellt die intensive landwirtschaftliche Nutzung der Felder dar. An dieser Stelle bietet sich eine fächerübergreifende Thematisierung an, denn nicht jedes Problem kann unmittelbar gelöst werden. Für eine nachhaltige Landwirtschaft muss vor allem die Politik sorgen. Entsprechend könnte die Situation im Politikunterricht vertieft werden.
Nach der Durchführung des Mysterys sowie der Besprechung der verschiedenen Lösungsebenen ergibt sich gegebenenfalls die Gelegenheit, vor Ort an der eigenen Schule nachhaltig aktiv zu werden. So könnte in einer Nachhaltigkeits-AG ein Insektenhotel gebaut oder Bereiche der schulischen Außenanlage als blühende Wiesen umgewandelt werden.[19] Schüler*innen lernen dann nicht nur etwas zur Ökologie der Wildbienen als wichtigen Bestandteil unserer Erde (im Sinne der Nachhaltigkeitsziele der UN), sondern sie lernen auch, dass sie aktiver Teil des Systems Natur sind – und dieses System durch ihr Handeln positiv beeinflussen können.

19 Hierzu sind viele Informationsbroschüren bei Naturschutzverbänden und sogar bei der Bundesregierung erhältlich (beispielsweise Hauk 2018 oder Klöckner 2019).

„Aylins Vater hat weniger Arbeit und im Garten ist es still."

- Eure Aufgabe ist es herauszufinden, was diese Aussage bedeutet.
- Eine Person aus der Gruppe nimmt eine beliebige Karte aus dem Umschlag und liest sie den anderen vor. Dann wird die Karte auf das Plakat gelegt.

Wichtig: Es wird immer nur eine Karte aus dem Umschlag genommen!

- Nacheinander werden so alle Kärtchen vorgelesen und abgelegt.
- Legt die Kärtchen zueinander, von denen ihr denkt, dass sie zusammengehören.
- Versucht die Zusammenhänge zwischen den einzelnen Prozessen herauszufinden. Dazu könnt ihr die Kärtchen verschieben.
- Durch Pfeile und Beschriftungen sollt ihr zeigen, wie die verschiedenen Informationskarten miteinander in Verbindung stehen.
- Wenn ihr mit dem Ergebnis zufrieden seid, klebt die Kärtchen, so wie ihr sie gelegt habt, auf das Plakat.
- Aylin möchte gern helfen, weiß aber nicht, wie sie das anstellen soll. Kannst du ihr helfen? Überlege drei Maßnahmen und schreibe sie auf:

1. ______________________________

2. ______________________________

3. ______________________________

Aylin lebt auf dem Land. Rings um ihr Zuhause sind Felder, auf denen Mais, Weizen und Raps angebaut werden. Seit Aylin klein ist, hilft sie ihren Eltern gern bei der Gartenarbeit. Sie mag das Leben auf dem Land.

Wildbienen ernähren sich vom Nektar und vom Pollen der Pflanzen. Beim Besuch der Blüte bleibt nebenbei der Pollen an dem Fell der Bienen hängen. So bestäuben die Bienen dann die nächste Blüte, wiederum ganz nebenbei. Es gilt: ohne Bestäuber keine Früchte.

In Gegenden mit intensiver Landwirtschaft können die Wildbienen kaum überleben. Dies liegt am Einsatz von Pflanzenschutzmitteln, die Pflanzenschädlinge, aber auch die Wildbienen töten. Außerdem bietet die intensive Landwirtschaft keine Vielfalt an Pflanzen.

Würden die Bienen aussterben, könnte es sein, dass etwa ein Drittel des Nahrungsangebots wegfiele, darunter viel Obst und Gemüse.

An einem Sonntagmorgen findet Aylin unter den Gartenpflanzen viele tote Hummeln. Sie fragt sich, woran das liegen könnte.

Dass Wildbienen immer weniger Lebensräume finden, liegt am „Ordnungssinn" vieler Gärtner. So werden anfallende Gartenabfälle meist sofort weggeräumt. Auch die Gartengestaltung in Form von Steingärten zerstört Lebensräume.

Aylin ist besorgt. Sie wusste nicht, dass es so schlecht um die Wildbienen steht. Sie möchte ihnen gern helfen, weiß aber nicht, wie sie das anstellen soll.

Die Schaffung von Lebensräumen durch geeignete Nisthilfen ist ein wichtiger Schritt, um Wildbienen zu unterstützen. Dabei sollten abgestorbene Bäume, Hölzer oder auch der Baum- und Strauchschnitt im Garten liegen gelassen werden. Dies sieht zwar unordentlich aus, hilft den Wildbienen aber sehr.

Viele verschiedene heimische Blütenpflanzenarten sind notwendig, damit die verschiedenen Bienenarten Nahrung finden, denn die Bienen sind häufig auf wenige Futterpflanzen oder sogar nur eine bestimmte Futterpflanze spezialisiert.

In Deutschland wurde im Zeitraum von 1989 bis 2016 ein Insektenrückgang von rund 75 % verzeichnet. Von den in Deutschland lebenden 560 Wildbienenarten sind schon über 60 % vom Aussterben bedroht (Stand 6/2018).

Als Wildbienen werden alle Bienen bezeichnet, die wild lebend in der Natur vorkommen und vom Menschen nicht gezielt als Nutztier gehalten werden. Dazu zählen unter anderem Sand- und Erdbienen, Holzbienen, Hummeln und Mauerbienen.

Im Gegensatz zur Honigbiene leben 95 % der Wildbienenarten einzeln. Sie bauen ihre Nester allein und ziehen darin ihre Brut ebenfalls ohne Hilfe auf. Manche Wildbienenarten leben aber auch in kleinen Staaten zusammen, wie z. B. die Hummel.

Auch durch den Verlust von Hecken und Waldrändern finden immer weniger Wildbienen geeignete Nistplätze. Die Zerstörung des Lebensraums durch den Menschen, z. B. durch den Bau von immer mehr Häusern und Straßen, trägt ebenfalls zum Bienensterben bei.

Wildbienen sind Spezialisten, wenn es um ihre Nahrung geht. Sie sind auf heimische Pflanzenarten angewiesen. Besonders gezüchtete Pflanzen aus dem Gartencenter bringen meist keinen Nutzen für sie. Gerade diese werden leider häufig in Parks und Gärten angepflanzt.

Vor Wildbienen muss man sich nicht fürchten: Sie greifen niemanden an und wehren sich höchstens bei extremer Bedrohung, z. B. Quetschen.

Wildbienen bauen ihre Nester in der Erde, in morschem Holz, in Pflanzenstängeln oder auch an Steinen oder Baumstämmen.

Ein hervorragender Orientierungssinn ermöglicht es den Wildbienen, ihr Nest wiederzufinden, indem sie sich an bestimmten Markern der Umgebung orientieren. Dies können z. B. Steine, Schneckenhäuser oder Wurzeln sein.

Wildbienen unterscheiden sich stark in ihrem Aussehen. Sie sind zwischen 1,3 mm und 3 cm groß und haben ganz unterschiedliche Farben und Körperformen.

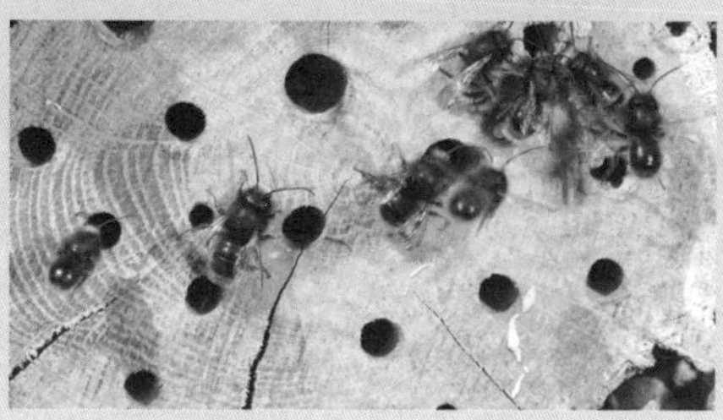

Für Landökosysteme sind Wildbienen unglaublich wichtig, denn sie sind sehr effektiv in der Bestäubung der vielfältigen Pflanzenarten. Ohne sie könnten ganze ökologische Einheiten zusammenbrechen. Wildbienen sind also wichtige Nützlinge.

90 % aller Blütenpflanzen werden von Insekten bestäubt, darunter auch wichtige Nutzpflanzen, von denen fast ein Drittel allein von Wildbienen bestäubt wird. Eine Wildbiene kann bis zu 5.000 Blüten pro Tag besuchen!

Aylins Vater ist selbstständiger Vertreter und legt Wert auf ein sauberes Auto. In letzter Zeit ist ihm aufgefallen, dass es längst nicht mehr so viel Arbeit ist, die Windschutzscheibe sauber zu machen.

Die Gärten in der Nachbarschaft sind auch viel ordentlicher geworden. Der Nachbar rechts läuft regelmäßig mit einer gelben Spritzflasche herum. Wer weiß, was da drin ist.

In Aylins Garten summt es längst nicht mehr so stark wie früher. Auch ihre Lieblingsvögel, die Spatzen und Meisen, hört und sieht sie kaum noch.

Insektenhotels können als Nistplätze für Wildbienen dienen. Hauptsächlich wertvoll sind sie aber, um Verständnis für die Wildbienen zu wecken, denn mit einem naturnahen Garten kann man weit mehr für Wildbienen tun.

Naturschutzverbände zählen Insekten, indem sie Fallen aufstellen. Während 1995 noch 1,6 kg Bienen, Fliegen und Schmetterlinge in den Untersuchungsfallen waren, sind es heute maximal 300 g.

Die Gelbbindige Furchenbiene kümmert sich allein um ihre Brut. Stirbt sie, stirbt auch ihre Brut.

Eine Weidensandbiene schaut aus ihrem Nest.

Bienen sind wichtige Bestandteile im Gefüge des Ökosystems. Sie bestäuben viele Pflanzen und dienen vielen Vögeln als Nahrung, z. B. Spatzen, Schwalben und Meisen.

Eine direkte Hilfe für die Wildbienen ist, Blumenwiesen als Nahrung auszusähen.

4. Hannas Füße sind kleiner als Noahs, aber sie hat einen größeren Fußabdruck als er. – Mystery zum ökologischen Fußabdruck

Julia Mülhausen und Norbert Pütz

Grundsätzliches

Nahezu jede unserer Handlungen hat weitreichende Konsequenzen. Um diese Verantwortung wissen naturwissenschaftliche Lehrer*innen und so wollen sie das Bewusstsein der Schüler*innen hierfür schärfen.
Neue Symbolfigur dieser Verantwortung ist Greta Thunberg mit ihrer Jugendbewegung *Fridays for Future*. Sie hat es geschafft, als 16-Jährige bei vielen Verantwortlichen dieser Welt Gehör zu finden, und sie fordert Nachhaltigkeit insbesondere in Bezug auf den Klimawandel ein. Sie ist somit für viele junge und auch ältere Menschen ein Vorbild. Gleichzeitig ist Greta Thunberg ein Symbol für die Frage, wie nachhaltig jeder Einzelne von uns lebt.
Als Nachhaltigkeitsindikator bietet der ökologische Fußabdruck (Wackernagel & Beyers 2016) ein hervorragend geeignetes Instrument, um diese Frage individuell zu beantworten und bei den Schüler*innen ein Bewusstsein für die individuelle Nutzung von Ressourcen zu schaffen.
Das vorliegende Mystery stellt den ökologischen Fußabdruck zweier fiktiver Jugendlicher gegenüber, erläutert Ursachen für die unterschiedlichen Werte und fordert die Schüler*innen auf, ihren eigenen ökologischen Fußabdruck zu berechnen und so ihre Alltagshandlungen zu erkennen und eventuell zu hinterfragen. Im Rahmen des transtheoretischen Modells von Verhaltensänderungen (vgl. Kapitel 1) kann aufgrund der kognitiven und affektiven Stimulierung erreicht werden, dass die Schüler*innen in das Stadium der Absichtsbildung übertreten, also die Absicht entwickeln, das eventuell problematische Verhalten irgendwann zu verändern.

Informationen zum ökologischen Fußabdruck

Unser persönlicher Ressourcenverbrauch hinterlässt Spuren auf der Erde. Je mehr Ressourcen jede*r Einzelne von uns verbraucht, desto größer ist der „Abdruck", den wir hinterlassen. Dieser kann modellhaft als ökologischer Fußabdruck quantifiziert werden (Wackernagel & Beyers 2016). Diese Berechnung stellt also eine Art „ökologische Buchhaltung" dar, die festhält, wie viele Ressourcen jede*r Einzelne von uns verbraucht im Vergleich dazu, wie viel er oder sie verbrauchen dürfte, um nicht über seine Verhältnisse zu leben (Stichwort: *Weltüberlastungstag* oder *Earth Overshoot Day*, s. u.). Wissenschaftliche Basis ist u. a. die NGO *Global Footprint Network*, die großen Wert auf die Transparenz der Methodik legt (Beyers et al. 2010).
Zur Berechnung des ökologischen Fußabdrucks wurden **bioproduktive Flächen** definiert, also Flächen, die die Lebensgrundlagen für uns Menschen darstellen. Darunter fallen Flächen zur Tierhaltung, Ackerflächen, Waldbauflächen oder Flächen zur Produktion von Produkten wie Raps oder Baumwolle. Ebenso gehören extensiv genutzte Flächen wie die Regenwälder zu den bioproduktiven Flächen (Beyers et al. 2010).
Diese bioproduktiven Flächen sind sehr unterschiedlich. So ist ein Hektar Wiese anders zu bewerten als ein Hektar tropischer Regenwald. Als Einheit für den ökologischen Fußabdruck wurde daher der **„Globale Hektar"** definiert: Jeder globale Hektar hat eine weltweit durchschnittliche Bioproduktivität. Der globale Hektar schließt Flächen ein, die zur Produktion von Kleidung und Nahrung benötigt werden, aber auch zur Entsorgung von Müll oder zum Binden des durch menschliche Aktivitä-

ten freigesetzten Kohlenstoffdioxids. So tragen zum ökologischen Fußabdruck auch die Kohlenstoffdioxid-Emissionen durch Energieerzeugung, Verkehr und industrielle Landwirtschaft (insbesondere durch Massentierhaltung) bei.
Die Summe aller globalen Hektare ist die gesamte bioproduktive Fläche der Erde. Teilt man diese Fläche durch die Anzahl aller Menschen, dann erhält man die Fläche, die jeder*m für ihren*seinen Verbrauch zur Verfügung steht. Diese Fläche beträgt momentan 1,8 globale Hektar, für jede*n von uns also etwas mehr als zwei Fußballfelder. Wenn jeder Mensch so lebt, dass er nicht mehr als 1,8 globale Hektar in Anspruch nimmt, dann ist es möglich, allen Menschen jetzt und in Zukunft ein angemessenes Leben zu ermöglichen.
Die Reduktion auf den Flächenverbrauch ist dabei durchaus eine Schwäche des ökologischen Fußabdrucks. Es ergibt sich nämlich z. B. der Widerspruch, dass die intensive Landwirtschaft im Fußabdruck besser abschneidet als die ökologische, denn Grundlage der Berechnung ist ja zunächst nur die Produktivität pro Person, und die ist logischerweise bei der Intensivwirtschaft höher.[20] Im Gesamtkontext wären auch weitere Aspekte der Nachhaltigkeit wie nicht erneuerbare Ressourcen, Diversität oder toxische Substanzen zu berücksichtigen, die im ökologischen Fußabdruck ebenfalls nicht vorkommen. Die besondere Stärke des Fußabdrucks aber ist die Anschaulichkeit, und durch die starke Reduktion auf den Flächenverbrauch ist das komplexe Thema relativ leicht zu kommunizieren und quasi symbolhaft zu visualisieren.
So gibt es einige Programme im Internet, mit denen man seinen persönlichen ökologischen Fußabdruck berechnen kann.[21] Hierbei werden Essverhalten, Wohnverhältnisse, Fortbewegungsmittel sowie der allgemeine Konsum berücksichtigt. Grundsätzlich gilt, dass der ökologische Fußabdruck in Industrienationen pro Kopf deutlich höher ausfällt als die anzustrebenden 1,8 Hektar. Denn selbst wenn man für westliche Verhältnisse sehr sparsam lebt, vergrößert sich der persönliche ökologische Fußabdruck durch die verfügbare Infrastruktur wie Straßen und Krankenhäuser. Ein weiterer Faktor, der gerade in Deutschland unseren ökologischen Fußabdruck maßgeblich beeinflusst, ist der Flächenbedarf für den Anbau von Futtermitteln für Tierhaltung, die meist aus anderen Regionen der Welt stammen. Für Menschen in Deutschland lag der Fußabdruck 2016 bei durchschnittlich 4,8 Globalen Hektar! [22] Das bedeutet, dass die Ressourcen von etwa 2,6 Erden benötigt würden, wenn alle Menschen auf der Erde so lebten wie in Deutschland.[23] Für jede*n von uns, die*der heute zu viel hat, haben in anderen Teilen der Erde Menschen zu wenig; zusätzlich zerstört unser Verbrauch die Ressourcen der Zukunft, also die Ressourcen künftiger Generationen.
Der Raubbau, den die Industrieländer betreiben, schlägt sich hierzulande – wenn man von solch subtileren Erscheinungen wie z. B. „Insektensterben"" (siehe Kapitel 3) absieht – für viele Menschen kaum im Alltag nieder. Aber insbesondere dort, wo die Ressourcen herkommen, werden die Böden ausgelaugt, Seen verlanden, Wälder verschwinden, und global ändert sich das Klima – das alles mit Folgen, die gerade erst in ihren Anfängen sind und sicherlich zukünftige Generationen stark betreffen werden. Heute schon treten sintflutartige Regenfälle, Dürren und Waldbrände in vielen Teilen der Welt gehäuft auf. Waldbrände in Sibirien, Juli 2019 als heißester Monat seit Beginn der Wetteraufzeichnung, Grundwasserpegel, die sich nicht erholen können, heimische Wälder, die vom Absterben bedroht sind – das alles waren tägliche Meldungen im Sommer 2019 und diese sind vermutlich erst der Anfang.
Die Organisation *Global Footprint Network* berechnet seit einigen Jahren mithilfe des ökologischen Fußabdrucks den *Earth Overshoot Day* (den Erdüberlastungstag). Der *Earth Overshoot Day* markiert

20 https://de.wikipedia.org/wiki/ %C3 %96kologischer_Fu %C3 %9Fabdruck (Zugriff 22.12.2019)
21 https://www.fussabdruck.de oder https://www.ressourcen-rechner.de/ (Zugriff 22.12.2019)
22 Alle Angaben zum ökologischen Fußabdruck erfolgen nach http://data.footprintnetwork.org/#/. Die Veröffentlichung der Zahlen erfolgt mit einer Verzögerung von drei Jahren. Man findet mitunter in den Medien unterschiedliche Zahlen zum ökologischen Fußabdruck einer Nation. Diese beziehen sich dann i. d. R. auf verschiedene Jahre.
23 https://www.br.de/nachrichten/wissen/deutschland-lebt-ab-heute-oekologisch-auf-pump,RPJdbSR (Zugriff 22.12.2019)

den Tag, an dem die Menschheit alle natürlichen Ressourcen verbraucht hat, die die Erde pro Jahr regenerieren kann. Er lag für 2018 am 1. August und rückt jedes Jahr ein Stückchen weiter nach vorn, so war 2019 dieser Tag am 29. Juli terminiert.
Das deutsche Umweltbundesamt führt hierzu aus: „*Bildlich gesprochen lebt die Weltbevölkerung derzeit so, als hätte sie 1,75 Erden zur Verfügung. Die Menschen nutzen die Natur also 1,75-mal schneller, als Ökosysteme sich generieren können. Mit vielfältigen Folgen für die Umwelt, wie u.a. Klimawandel, Artensterben oder schrumpfende Wälder. Noch 1987 fiel der Earth Overshoot Day auf den 19. Dezember. Durch das hohe Konsumniveau in Industrie- und Schwellenländern sowie das schnelle Bevölkerungswachstum ist der Tag im Kalender immer weiter nach vorne gerückt.*“[24]
Da Deutschland einen im Vergleich noch höheren Ressourcenverbrauch von 2,6 Erden hat, fiel der *nationale* Overshoot Day für Deutschland im Jahr 2019 auf den 3. Mai. Im Jahr 2000 lag er noch am 24. Mai. Auch in Deutschland verbrauchen wir unsere Ressourcen also immer schneller.

Informationen zur Story im Mystery

Neben den Informationskarten zum ökologischen Fußabdruck werden im vorliegenden Mystery einige Informationen zu zwei fiktiven Personen aus verschiedenen Ländern vorgestellt.
Der 17-jährige Noah lebt in Eritrea.[25] Die Information zur Schuhgröße 42 ist wichtig, weil dadurch der Bezug zur Leitaussage hergestellt wird.
Eritrea ist ein Staat im Nordosten Afrikas. Mit einer Fläche von 121.144 km² ist das Land etwa ein Drittel so groß wie Deutschland. Der ökologische Fußabdruck für Menschen in Eritrea lag 2017 bei 0,5 gha.[25] Das Bruttoinlandsprodukt des Landes ist eines der niedrigsten der Welt: Im Schnitt verdient ein Eritreer hundert Mal weniger als ein Deutscher. Noah sieht in Eritrea keine Perspektive. Er hat eine Schulbildung von zwei Jahren und keine Arbeit. Er muss Geld für seine Überfahrt nach Europa organisieren. Am liebsten will er nach Deutschland, wo alles besser ist.
Die 17-jährige Hanna lebt in Deutschland, ihre Schuhgröße ist 38. Hanna hat in der Schule ihren persönlichen Fußabdruck berechnet. Mit den Veränderungen in ihrem Konsum, die sie in Zukunft umsetzen will, könnte sie ihn von 7,6 auf drei globale Hektar reduzieren. Hanna nimmt freitags außerdem an den Schulstreiks teil, die von *FFF (Fridays for Future)* organisiert werden. Sie möchte, dass sich etwas verändert. Aber sie weiß, dass sie auch selbst etwas dazu beitragen muss. Darum hat sie sich vorgenommen, seltener Kleidung zu kaufen. Außerdem möchte sie sich zukünftig gern vegetarisch ernähren, um ihren ökologischen Fußabdruck weiter zu reduzieren. Es ist anstrengend für sie, dass aus ihren Bestrebungen täglich Diskussionen mit ihren Eltern erwachsen.
Initiiert wurden die Schulstreiks, an denen Hanna teilnimmt, durch Greta Thunberg, die inzwischen eine weltberühmte Klimaaktivistin ist. Greta Thunberg stellt im Mystery das Bindeglied zwischen den beiden Protagonisten und ihren jeweiligen ökologischen Fußabdrücken dar. Greta verhält sich äußerst klimafreundlich, indem sie auf tierische Produkte verzichtet, weite Reisen mit der Bahn antritt und auf Luxus wie neue und aufwendige Kleidung verzichtet. Bekannt geworden ist Greta indes durch ihre Schulstreiks, die sie im November 2018 begann. Jeden Freitag demonstrierte sie, um auf ihre Mission aufmerksam zu machen (*Fridays for Future*). Ihr Ziel: Die Regierungen in Sachen Klimaschutz endlich zum Handeln zu bewegen. Gretas Umweltbewegung animiert inzwischen viele junge Menschen in den Industrieländern, so wie Hanna, dazu, sich anzuschließen.
Da Greta Schwedin ist, wurde als drittes Land Schweden ins Mystery aufgenommen, um die nationalen Unterschiede zu verdeutlichen. Schweden liegt im Norden von Europa und hat deshalb viel Wärmeenergie nötig. Der Fußabdruck für Menschen in Schweden lag 2017 unter anderem deshalb

24 https://www.umweltbundesamt.de/themen/earth-overshoot-day-2019-ressourcenbudget (Zugriff 22.12.2019)
25 Informationen zu Eritrea aus https://www.humanium.org/de/eritrea/ und https://www.laender-lexikon.de/Eritrea (Zugriff 22.12.2019)

bei 6,5 gha. Die Schweden galten auch immer als Vielflieger; sie flogen im Durchschnitt siebenmal so oft wie die Bevölkerung anderer Länder. Durch die Umweltbewegung von Greta ändern manche Menschen dieses Verhalten: #Flygskam (Flugscham) galt in Schweden 2018 als Anwärter für den Titel „Wort des Jahres".[26] Generell gelten die Schweden in Kontrast zu ihrem Lebensstil als umweltfreundlich, da sie bereits ein hohes Umweltbewusstsein entwickelt haben.

Vorschläge zur Durchführung des Mysterys

Das vorliegende Mystery kann, wie in Kapitel 2 beschrieben, genutzt werden. 24 Basiskarten und ggfs. acht Erweiterungskarten werden zu einem Legekonstrukt verarbeitet. Das Mystery ist wenig komplex, sodass auch leistungsschwächere Schüler*innen am Ende der Mystery-Stunde verstehen können, dass der ökologische Fußabdruck ein wichtiger individueller Nachhaltigkeitsindikator ist.
Das Mystery ist besonders dann von Bedeutung, wenn nachfolgend die Schüler*innen ihren individuellen ökologischen Fußabdruck berechnen.
Empfehlenswert für Jugendliche ist der Fußabdrucktest bei *Brot für die Welt*. Dieser einfache Test besteht aus 13 Fragen, die der Lebenswelt der Schüler*innen gerecht werden (andere Tests beinhalten Faktoren, die sie nicht wissen können, wie z. B. Anzahl der Quadratmeter der Wohnung). Die ersten sechs Fragen behandeln die Ernährung, die nächsten beiden Fragen behandeln die Wohnsituation, dann folgt eine Frage zur Mobilität und vier Fragen zum Konsumverhalten. Die Ergebnisse werden im Vergleich zum deutschen Durchschnittswert angegeben. Außerdem gibt es individuelle Kommentare und Tipps.
Detailliertere Ergebnisse liefert der *footprint calculator* von *Global Footprint Network*. Allerdings werden hier viele Informationen erfragt, die den meisten Schüler*innen nicht vorliegen und die sie nur schwer einzuschätzen vermögen. (Beispielsweise: „Wie viel Prozent der Heizenergie kommt aus erneuerbaren Quellen?")
Diese „populären" Fußabdruckrechner sind zwar wissenschaftlich fundiert, aber doch grob in der Unterteilung. Sie bieten eher einen Richtwert und dienen der Einschätzung. Dennoch macht der Test aufgrund der Reduktion auf einen Zahlenwert die eigene Rolle in Bezug auf Nachhaltigkeit besonders deutlich.
Eine interessante Referenz bietet in diesem Kontext abschließend der Vergleich des persönlichen Fußabdrucks mit dem nationalen Durchschnitt anderer Länder[27], aber auch der Vergleich zum durchschnittlichen Fußabdruck der Lerngruppe. Hier ist sogar ein Projekt vorstellbar, in dem die Klasse ihren ökologischen Fußabdruck senkt, beispielsweise, indem man für einen Zeitraum das Ess- oder Mobilitätsverhalten verändert.

26 https://kurier.at/leben/flygskam-umweltbewusste-schweden-schaemen-sich-fuers-fliegen/40034373 4 (Zugriff 22.12.2019)
27 Z. B. Luxemburg 12.9, USA 8.1, Deutschland 4.8, Türkei 3.4, Polen 4.4 Frankreich 4.4 usw. Alle Angaben nach http://data.footprintnetwork.org/#/ (Zugriff 22.12.2019).

„Hannas Füße sind kleiner als Noahs,
aber sie hat einen größeren Fußabdruck als er."

- Eure Aufgabe ist es herauszufinden, was diese Aussage bedeutet.
- Eine Person aus der Gruppe nimmt eine beliebige Karte aus dem Umschlag und liest sie den anderen vor. Dann wird die Karte auf das Plakat gelegt.

Wichtig: Es wird immer nur eine Karte aus dem Umschlag genommen!

- Nacheinander werden so alle Kärtchen vorgelesen und abgelegt.
- Legt die Kärtchen zueinander, von denen ihr denkt, dass sie zusammengehören.
- Versucht, Zusammenhänge zwischen den einzelnen Prozessen zu erkennen. Dazu könnt ihr die Kärtchen verschieben.
- Durch Pfeile und Beschriftungen sollt ihr zeigen, wie die verschiedenen Informationskarten miteinander in Verbindung stehen.
- Wenn ihr mit dem Ergebnis zufrieden seid, klebt die Kärtchen, so wie ihr sie gelegt habt, auf das Plakat.
- Überlegt, wie ihr einer anderen Person den ökologischen Fußabdruck erklären würdet.
- Wie groß ist dein ökologischer Fußabdruck? Berechne ihn mithilfe eines Fußabdruckrechners im Internet.

Für die Industrieländer gilt: Selbst wenn man ganz sparsam lebt, vergrößert sich der persönliche ökologische Fußabdruck durch die verfügbare Infrastruktur wie Straßen und Krankenhäuser.

Eritrea ist ein Staat im Nordosten Afrikas. Mit einer Fläche von 121.144 km^2 ist das Land etwa ein Drittel so groß wie Deutschland.

Gretas Umweltbewegung animiert derzeit viele junge Menschen in den Industrieländern dazu, sich anzuschließen.

Wenn ein Mensch einen Verbrauch hat, der höher liegt als 1,8 gha, dann verbraucht er mehr, als die Erde nachliefern kann. Zudem geht das oft zulasten anderer Menschen, die weniger verbrauchen können oder müssen.

Wenn man alle „bioproduktiven Flächen" der Erde durch die Anzahl der Weltbevölkerung teilt, erhält man die dem Einzelnen zur Verfügung stehende Fläche. Dies wären etwa 1,8 Hektar – etwas mehr als zwei Fußballfelder.

Schweden liegt im Norden von Europa. Weil es dort durchschnittlich kälter ist als in Mitteleuropa, benötigt Schweden viel Wärmeenergie. Der Fußabdruck für Menschen in Schweden lag 2017 bei 6,5 gha. Trotzdem gelten die Schweden als umweltfreundlich.

Hanna hat in der Schule ihren persönlichen Fußabdruck berechnet. Mit den Veränderungen in ihrem Konsum, die sie in Zukunft umsetzen will, könnte sie ihn von 7,6 auf 3 reduzieren.

Hanna nimmt freitags an den Schulstreiks teil. Sie möchte, dass sich etwas verändert. Aber sie weiß, dass sie auch selbst etwas dazu beitragen muss. Darum hat sie sich vorgenommen, weniger oft Klamotten kaufen zu gehen.

Hanna will ausprobieren, ob sie auf Fleisch verzichten kann. Ihre Mutter findet das mit dem Fleisch nervig. Mit ihrem Vater hat sie täglich Diskussionen. Das ist anstrengend.

Um seinen persönlichen ökologischen Fußabdruck zu ermitteln, kann man im Internet einfache Tests finden, z. B. von www.fussabdruck.de.

Wenn man seinen ökologischen Fußabdruck berechnet, werden das Essverhalten, die Wohnverhältnisse, die Fortbewegungsmittel und der allgemeine Konsum mit einbezogen.

Der ökologische Fußabdruck wird in der Einheit „globaler Hektar" (gha) pro Person und Jahr angegeben. Er repräsentiert die Fläche, die ein Mensch für seinen Lebensstil verbraucht.

Der ökologische Fußabdruck für Menschen in Eritrea liegt bei 0,5 gha. Das Bruttoinlandsprodukt des Landes ist eines der niedrigsten der Welt: Im Schnitt verdient ein Eritreer hundert Mal weniger als ein Deutscher.

Da Deutschland einen Ressourcenverbrauch von 2,6 Erden hat, liegt der nationale *Overshoot Day* für Deutschland im Jahr 2019 am 3. Mai.
Im Jahr 2000 lag er noch am 24. Mai.
Wir verbrauchen unsere Ressourcen also immer schneller.

Die 17-jährige Schwedin Greta Thunberg ist eine inzwischen weltberühmte Klimaaktivistin. Im November 2018 begann sie, durch Schulstreiks an Freitagen (Fridays For Future) auf ihre Mission aufmerksam zu machen. Ihr Ziel: die Regierungen in Sachen Klimaschutz endlich zum Handeln zu bewegen.

Noah lebt in Eritrea.
Er ist 17 Jahre alt.
Seine Schuhgröße ist 42.

Der ökologische Fußabdruck für Menschen in Deutschland liegt bei 4,8 gha. Das bedeutet, dass die Ressourcen von über 2,6 Erden benötigt würden, wenn alle Menschen so leben würden wie in Deutschland.

Hanna lebt in Deutschland.
Sie ist 17 Jahre alt.
Ihre Schuhgröße ist 38.

Noah sieht in Eritrea keine Perspektive. Er hat eine Schulbildung von zwei Jahren und keine Arbeit. Er muss Geld für seine Flucht organisieren. Am liebsten will er nach Deutschland, wo alles besser ist.

Der *Earth Overshoot Day* – Erdüberlastungstag – markiert den Tag, an dem die Menschheit alle natürlichen Ressourcen verbraucht hat, die die Erde im Jahr regenerieren kann. Er lag für 2018 weltweit am 1. August und rückt jedes Jahr ein Stückchen weiter nach vorn.

Die Schweden galten immer als Vielflieger. Sie flogen im Durchschnitt siebenmal so oft wie die Bevölkerung anderer Länder. Durch die Umweltbewegung von Greta ändern manche Menschen dieses Verhalten: #Flygskam (Flugscham) galt 2018 als Anwärter für den Titel „Wort des Jahres" in Schweden.

Die Fruchtbarkeit von Böden auf der Erde ist nicht gleich verteilt. So ist eine Wüste weniger fruchtbar als eine Wiese. Der normale Hektar als Maßeinheit fur den ökologischen Fußabdruck würde eine falsche Wahrnehmung vermitteln. Der Globale Hektar entspricht einem Hektar mit weltweit durchschnittlicher Produktivität.

Der Raubbau, den wir betreiben, ist oft noch nicht direkt zu merken. Aber die Böden werden ausgelaugt, Seen verlanden, Wälder verschwinden und das Klima ändert sich – das alles mit Folgen für die zukünftigen Generationen. Heute schon treten sintflutartige Regenfälle, Dürren und Waldbrände in vielen Teilen der Welt gehäuft auf.

Einer der Faktoren in Deutschland, der den ökologischen Fußabdruck verursacht, ist der Flächenbedarf für den Anbau von Futtermitteln für Tierhaltung.

Deutschland gehört wie alle reichen Länder zu denjenigen, die große Teile ihres ökologischen Fußabdrucks ins Ausland verlagern: Durch den Import von Waren und Nahrungsmitteln aus fernen Ländern geschieht dort der Raubbau.

Zum ökologischen Fußabdruck tragen auch die Kohlendioxid-Emissionen durch Energieerzeugung, Verkehr und industrielle Landwirtschaft (insbesondere durch Massentierhaltung) bei.

Greta verhält sich äußerst klimafreundlich, indem sie auf tierische Produkte verzichtet, weite Reisen mit der Bahn antritt und auf jeglichen Luxus wie neue und aufwendige Kleidung verzichtet.

Ökologischer Fußabdruck in einzelnen Ländern (in gha):

Katar	14,4	USA	8,1
Schweden	6,5	Russland	5,2
Deutschland	4,8	Polen	4,4
Türkei	3,4	Brasilien	2,8
Marokko	1,7	Eritrea	0,5

5. Was hat Frau Burgers Krankheit mit dem Klimawandel zu tun? – Mystery zum Einfluss des individuellen Essverhaltens auf Gesundheit und Klimawandel

Julia Mülhausen und Norbert Pütz

Grundsätzliches

Wir essen, weil wir Energie- und Baustoffe zu uns nehmen müssen, denn unser Körper befindet sich in einem offenen Fließgleichgewicht. Nahrungsaufnahme ist damit notwendig, um unsere Lebensfunktionen aufrechtzuerhalten.
Eine bewusste Ernährung dient jedoch nicht nur der Nahrungsaufnahme, sondern berücksichtigt viele Facetten gesundheitlicher, ökologischer, sozialer, ökonomischer und (tier)ethischer Art (Pütz 2017). Ernährung ist damit eines der zentralen Nachhaltigkeitsthemen. Dementsprechend gibt es bereits Mysterys, insbesondere aus der Geografie, beispielsweise zum Zuchtlachs: „*Soll Peter nun den Zuchtlachs aus dem Supermarkt kaufen oder nicht*?“[28]
In diesem Kapitel wird das menschliche Essverhalten in einen größeren, ökologischen Zusammenhang gestellt. Es greift ein weit verbreitetes Essverhalten auf und fokussiert dann auf den Fleischkonsum in unserer Gesellschaft. Es verdeutlicht, welchen Einfluss unser Essverhalten auf verschiedene andere Bereiche hat. Aus diesen Bereichen greift das Mystery die Bereiche Gesundheit, Treibhausgase und Zerstörung tropischer Regenwälder heraus.
Das vorliegende Mystery ist komplex und kognitiv anspruchsvoll und vermittelt in Bezug auf den Konsum tierischer Produkte eine einfache Wahrheit, die der englische Dichter Robert Browning treffend formuliert hat: **„Weniger ist mehr.“**[29]

Informationen zu Zivilisationskrankheiten

Eine verbesserte medizinische Versorgung, eine verbesserte Hygiene und eine gesicherte Nahrungsversorgung sind Errungenschaften, durch die zahlreiche Krankheiten aus vorindustrieller Zeit heutzutage seltener sind. Während die Menschen vor der Industrialisierung an Seuchen oder Unterernährung starben, leiden sie heute vor allem an Krankheiten, die man in vorindustrieller Zeit kaum kannte. Offenbar ist das Risiko, an bestimmten Krankheiten zu erkranken, von den Lebensverhältnissen bzw. Lebensstilen in der modernen Gesellschaft abhängig (Rarey & Manning 2016). Man nennt Krankheiten, die gehäuft in Industrieländern vorkommen, Zivilisations- oder Wohlstandskrankheiten. Typische Zivilisationskrankheiten sind Herz- und Gefäßkrankheiten, Diabetes Typ 2, Bluthochdruck, Übergewicht (bzw. Adipositas) und bestimmte Krebsarten (z. B. Darmkrebs).
Das Statistische Bundesamt meldet: „*Im Jahr 2016 verstarben in Deutschland insgesamt 910.902 Menschen. Die häufigste Todesursache war, wie schon in den Vorjahren, eine Herz-Kreislauf-Erkrankung. 37,2 % aller Sterbefälle waren darauf zurückzuführen.*“[30]
Faktoren für Zivilisationskrankheiten können beispielsweise sein: Über- und Fehlernährung, übermäßiger Zuckerkonsum, Alkohol, Bewegungsmangel, Umweltgifte oder Stress.

28 illustrierte Aufgaben zum Lehrplan-plus Bayern: https://www.lehrplanplus.bayern.de/sixcms/media.php/72/Mystery%20Aquakulturen.pdf (Zugriff 23.12.2019)
29 http://www.einfachbewusst.de/2013/04/100-minimalismus-zitate/ (Zugriff 23.12.2019)
30 https://www.destatis.de/DE/Themen/Gesellschaft-Umwelt/Gesundheit/Todesursachen/_inhalt.html (Zugriff 23.12.2019)

Das deutsche Ärzteblatt meldete 2019: „*Ungesunde Ernährung ist weltweit für jeden fünften vorzeitigen Todesfall verantwortlich.*“[31] Das vorliegende Mystery greift die ungesunde Ernährung daher auf und fokussiert hier speziell auf den Fleischkonsum.
Es häufen sich Meldungen über die schädlichen Folgen des (übermäßigen) Fleischkonsums, beispielsweise: „*Menschen, die regelmäßig rotes Fleisch essen, erkranken häufiger an Diabetes, Herz-Kreislauf-Störungen oder Darmkrebs. Zu diesem Ergebnis kommen Forscher von der Harvard School of Public Health in Boston*“ (Potjans & Ziegler 2019).
Auf der Grundlage einer epidemiologischen Studie meldete das deutsche Ärzteblatt im Juni 2019: „*Rotes Fleisch: Steigender Verzehr erhöht Sterberisiko.*“[32]
Und Campbell & Campbell (2009) gehen sogar einen Schritt weiter: Sie betonen auf der Grundlage wissenschaftlicher Studien, dass ein Verzicht auf sämtliche tierische Bestandteile, nicht nur Fleisch, die Entstehung vieler Zivilisationskrankheiten verhindern könnte. Auch könnten diese Krankheiten durch eine naturbelassene Pflanzenkost erfolgreich bekämpft werden. Sie stellen für eine pflanzliche Ernährung fest: „*Es gäbe weniger Herzinfarkte und Krebstote! Und zwar in einer Größenordnung zwischen 30 und 80 %.*“

Informationen zur Ernährung

Unsere Ernährung ist das Ergebnis evolutionärer Mechanismen. Reece et al. (2016, S. 976 f.) zeigen die stammesgeschichtliche Entwicklung des heutigen Menschen und seine Anpassung an Ernährung. So gab es bei den verschiedenen Menschenarten Gebissanpassungen an harte, zähe oder weiche Nahrung. Der „moderne“ Mensch hat ein Gebiss, das eher den Pflanzenfressern zuzuordnen ist. Physiologisch betrachtet können wir als Allesfresser pflanzliche und tierische Nahrung verarbeiten.
Was wir essen, lernen wir durch Traditionen, also durch Erziehung in der Familie und in der Gesellschaft. Der Burger im Mystery steht als Symbol für eine moderne, westliche Ernährung – und zugleich für eine Fehlentwicklung, denn unser Gehirn steuert unser Essverhalten, ohne dass uns das bewusst ist. Es konnte nachgewiesen werden, dass Botenstoffe unser Verhalten bei der Aufnahme verschiedener Nahrung beeinflussen. Salz beispielsweise setzt im Gehirn Dopamin frei – ein Botenstoff, der uns ein gutes Gefühl von Lust und Befriedigung gibt. Zucker steigert im Hirn den Serotoninspiegel (Bethge et al. 2013, S. 125), wodurch wir zufrieden und gelassen werden. Salz- und Zuckerkonsum mit der Ausschüttung der „Glückshormone“ Dopamin und Serotonin wird mitunter mit dem Thema Drogensucht in Verbindung gebracht (Moss 2014, S. 410).
Auch auf Fett reagiert unser Gehirn: Nehmen wir Fett auf, dann regt der Hypothalamus durch Neurotransmitter die Leber an, weitere Fett verdauende Enzyme auszuschütten. Diese Enzyme induzieren den Heißhunger auf weiteres Fett (Bethge et al. 2013, S. 125).
Fett – Salz – Zucker: Diese Stoffe waren früher Mangelware und das Gehirn hat den Körper belohnt; heute haben wir Fett, Salz und Zucker im Überfluss, aber das Gehirn belohnt noch immer. Essen wir unbewusst, also beispielsweise zu viel Fast Food oder zu viel Fleisch, dann nehmen wir von Fett, Salz und Zucker zu große Mengen auf. Die Deutsche Gesellschaft für Ernährung (DGE) empfiehlt 300 – 600 g Fleisch und Wurst in der Woche, also im Jahr zwischen 15 und 30 kg. Statistisch gesehen isst aber jeder Deutsche im Jahr ca. 60 kg Fleisch[33], und das ist auch einer der wesentlichen Gründe dafür, dass Deutschland mit einem Anteil von 75 % übergewichtiger Männer und knapp 59 % übergewichtiger Frauen in Europa an der Spitze liegt (Peters 2012, S. 17). Und weiter heißt es:

31 https://www.aerzteblatt.de/nachrichten/102171/Ungesunde-Ernaehrung-ist-weltweit-fuer-jeden-fuenften-vorzeitigen-Todesfall-verantwortlich (Zugriff 23.12.2019)
32 https://www.aerzteblatt.de/treffer?mode=s&wo=17&typ=1&nid=103831&s=Fleisch (Zugriff 23.12.2019)
33 https://de.statista.com/statistik/daten/studie/36573/umfrage/pro-kopf-verbrauch-von-fleisch-in-deutschland-seit-2000/ (Zugriff 23.12.2019)

„Insbesondere für deutsche Kinder und Jugendliche sind die Zahlen beunruhigend gestiegen, bereits heute sind 14,8 Prozent oder 1,7 Millionen übergewichtig. Was müssen wir ändern, damit unsere Kinder schlank bleiben und die Epidemie endlich zum Stillstand kommt?“ (Peters 2012, S. 18)
Die Antwort ist so schwer nicht: Weniger ist mehr.

Informationen zum Klimawandel und zu Treibhausgasen

Der Klimawandel ist wissenschaftlich nicht zu leugnen. Die Faktenliste zum Stand der Forschung (climate 20 press conference 2017) belegt dies eindrucksvoll. Dort heißt es u. a.: *„Die Mitteltemperatur an der Erd- und Wasseroberfläche hat in den vergangenen Jahrzehnten im Mittel stetig zugenommen. Seit den 1960er-Jahren war jede Dekade wärmer als die vorherige. Und die bisherigen Daten für das laufende Jahrzehnt deuten darauf hin, dass auch die Dekade 2011 bis 2020 einen neuen Höchststand markieren wird.“*
Eine erst kürzlich erschienene Studie verdeutlicht, dass die momentane Erwärmung in Bezug auf absolute Temperaturen und räumliche Einheitlichkeit einzigartig und damit anthropogenen Ursprungs ist (Neukom et al. 2019). Überhaupt stellt sich die Frage, warum Skeptiker*innen bei derart komplexen Themen nicht den ausgebildeten Expert*innen und Wissenschaftler*innen vertrauen. Denn mit dem 1988 von der UN gegründeten „Weltklimarat“ (IPCC – intergovernmental Panel on Climate Change, übersetzt: Zwischenstaatlicher Ausschuss für Klimaänderungen) existiert eine unabhängige Institution, in der tausende Wissenschaftler*innen regelmäßig einen Sachstandsbericht erstellen. Mit diesen Sachstandsberichten wird der Stand der wissenschaftlichen Forschung transparent dargestellt. Der fünfte und bislang letzte Bericht erschien 2013/2014.[34]
Das Umweltbundesamt stellt die wichtigsten Ergebnisse des fünften Berichts zusammen.[35] Dort heißt es unmissverständlich: *„Es ist äußerst wahrscheinlich, dass der menschliche Einfluss auf das Klimasystem die Hauptursache der beobachteten Erwärmung seit Mitte des 20. Jahrhunderts war. ‚Äußerst wahrscheinlich‘ bedeutet mit einer Wahrscheinlichkeit von 95 bis 100 Prozent.“*
Der fünfte Sachstandsbericht des IPCC umfasst auch Simulationen (sogenannte Szenarien) bis zum Jahr 2100. Aus diesen Szenarien wurde folgendes Informationsfragment im Mystery konstruiert:
Die momentane, globale Erwärmung („Der Klimawandel“) ist insbesondere durch den Mensch verursacht. Bis zum Ende des Jahrhunderts ist eine Erwärmung der globalen Temperaturen um bis zu drei Grad zu befürchten. Schon bei zwei Grad Erwärmung gibt es Hitzewellen und die extremen Wetterereignisse nehmen zu.
Der Sonderbericht über Klimawandel und Landsysteme des IPCC von August 2019 kommt zu dem Schluss, *„dass der Klimawandel den Druck auf Landsysteme verstärkt und deshalb zunehmend Existenzgrundlagen und Wohlergehen der Menschen bedrohen kann“*.[36]
Der Sonderbericht warnt zudem vor der steigenden Menge an CO_2, die durch ambitionierten Klimaschutz der Atmosphäre wieder entzogen werden müsse. Kohlenstoffdioxid ist dabei eines der zentralen Stoffe im Zusammenhang mit dem Klimawandel.
Das Umweltbundesamt führt aus, dass sich das Klima hauptsächlich durch die Freisetzung von Treibhausgasen erwärmt (abgekürzt: THG, im Englischen: „greenhouse gas“ (GHG), zunehmend wird auch der Begriff „Klimagas“ verwendet). Treibhausgase sind Spurengase, die die infrarote Wärmestrahlung der Erde in der Troposphäre zurückhalten. Ohne den natürlichen Treibhauseffekt (z. B. durch Was-

34 Informationen zum IPCC siehe: https://www.klimafakten.de/klimawissenschaft/der-ipcc-ein-kurzportraet-teil-1 (Zugriff 23.12.2019)
35 https://www.umweltbundesamt.de/themen/klima-energie/klimawandel/weltklimarat/fuenfter-sachstandsbericht-des-weltklimarats#textpart-1 (Zugriff 23.12.2019)
36 https://www.de-ipcc.de/254.php (Zugriff 23.12.2019)

serdampf) läge die mittlere Temperatur auf der Erde bei minus 18 Grad Celsius.[37] Der Treibhauseffekt ermöglicht also zunächst überhaupt Leben auf der Erde. Weitere Treibhausgase neben Wasserdampf sind beispielsweise Kohlenstoffdioxid und Methan.

Kohlenstoffdioxid gelangt in unsere Atmosphäre durch organische Umsetzungen (z. B. CO_2 wird ausgeatmet), vor allem aber in den letzten hundert Jahren durch Verbrennung fossiler Brennstoffe. Der Kohlendioxidgehalt der Atmosphäre nimmt somit seit Jahrzehnten stetig zu. 2017 lag der Wert im Jahresmittel bereits bei etwa 405 ppm. Das ist die höchste Kohlendioxidkonzentration seit 800.000 Jahren. Das Niveau liegt rund 41 % über dem der vorindustriellen Zeit (climate 20 press conference 2017).

Methan kommt in der Atmosphäre in Konzentrationen < 2 ppm vor, ist aber als Klimagas etwa 25-mal wirksamer als Kohlenstoffdioxid. Methan entsteht einerseits im industriellen Bereich, z. B. bei der Erdgasverarbeitung, andererseits in der Landwirtschaft, hier insbesondere in der Massentierhaltung von Wiederkäuern.[37]

Die Bundesanstalt für Landwirtschaft und Ernährung schreibt in ihrer Informationsbroschüre: *„Etwa alle 40 Sekunden rülpst ein Rind, um das Methan aus ihrem Verdauungstrakt zu befördern. Weltweit gibt jedes der rund 1,3 Milliarden Rinder täglich bis zu 300 l Methan an die Umwelt ab“ (BLE 2019, S. 9).*

Was aber bedeutet 300 l Methan am Tag bzw. 109.500 l im Jahr? Schon 2009 war zu lesen: „*Was eine Kuh jährlich an Methan produziert, hat die gleiche Wirkung, wie sie die CO_2-Emissionen eines Mittelklassewagens bei einer Jahresleistung von 18.000 Kilometern verursachen.*“[38]

Zum Beitrag der Landwirtschaft am Ausstoß von Treibhausgasen gibt es dabei sehr unterschiedliche Angaben:

Das Umweltbundesamt schreibt: „*Die Landwirtschaft in Deutschland trägt maßgeblich zur Emission klimaschädlicher Gase bei*“,[35] beziffert diesen Anteil aber nur auf 7,3 % der gesamten Treibhausgasemissionen im Jahr 2017.

Interessanterweise schreibt das BLE: „*Etwa 45 Prozent der Treibhausgase entstehen bei der Erzeugung bzw. Produktion der Lebensmittel, also auf dem Acker, im Kuhstall, bei der Verarbeitung oder durch den Supermarkt*“ (BLE 2019, S. 6).

Der deutsche Vegetarierbund, seit 2017 *Proveg international* genannt, beruft sich auf eine Studie des FAOs aus dem Jahr 2013 und schreibt: „*Nach Angaben der FAO (Ernährungs- und Landwirtschaftsorganisation der Vereinten Nationen) sind sogenannte Nutztiere für 14,5 % der vom Menschen verursachten Treibhausgasemissionen verantwortlich.*“[39]

Greenpeace kommt in seinem Report aus dem Jahr 2008 auf einen Beitrag von bis zu 32 % der weltweiten Treibhausgasemissionen.[40]

Das World Watch Institute beziffert den Anteil der Tierhaltung an der Emission von Treibhausgasen sogar mit 51 % (Goodland & Anhang 2009)!

Der IPCC schreibt im Sonderbericht 2019: „*Wenn man die Emissionen im Zusammenhang mit den Prozessen vor und nach der Produktion im globalen Ernährungssystem mitberücksichtigt, werden die Emissionen auf 21 – 37 % der gesamten anthropogenen Netto-Treibhausgasemissionen geschätzt.*“[41]

Das sind verwirrend unterschiedliche Zahlen, die zustande kommen, weil die Wissenschaftler*innen unterschiedliche Parameter in ihre Berechnungen einbeziehen. Wie hoch der Beitrag der Landwirtschaft am Ausstoß von Treibhausgasen ist, kann offenbar nicht exakt quantifiziert werden. Allerdings

37 https://de.wikipedia.org/wiki/Treibhausgas (Zugriff 23.12.2019)
38 Geo Heft 4/2009 siehe https://www.geo.de/natur/oekologie/6496-rtkl-umwelt-knoblauch-fuer-kuehe (Zugriff 23.12.2019)
39 https://vebu.de/tiere-umwelt/umweltbelastung-durch-fleischkonsum/klimawandel-industrielle-landwirtschaft-als-ursache/ (Zugriff 23.12.2019)
40 https://www.greenpeace.de/sites/www.greenpeace.de/files/Landwirtschaftsreport_08jan08_0.pdf (Zugriff 23.12.2019)
41 https://www.de-ipcc.de/media/content/Hauptaussagen_SRCCL.pdf (Zugriff 23.12.2019)

hat sich laut Weltagrarbericht die globale Fleischproduktion in den letzten 50 Jahren vervierfacht. Die FAO (Food and Agriculture Organization of the United Nations) als Herausgeber des Weltagrarberichts rechnet damit, dass dieser Trend anhält, insbesondere, weil in den Schwellenländern die „western diet“ (Burger, Steaks und Schnitzel) stark zunimmt.[42] Es ist absehbar, dass in vielen Ländern, in denen bisher wenig tierische Produkte gegessen wurden, die Menschen zukünftig immer mehr Fleisch- und Milchprodukte essen werden. Wenn das so bleibt, werden 2050 doppelt so viele klimabelastende Nahrungsmittel gegessen wie heute (BLE 2019, S. 5) – die Emission der Treibhausgase wird steigen und der Klimawandel wird verheerender.
Man weiß, dass pflanzliche Kost im Vergleich zu tierischen Produkten nur ein Zehntel der Treibhausgase verursacht (BLE 2019, S. 8). Damit ist die Lösung in Bezug auf tierische Produkte klar: Weniger ist mehr! Tatsächlich findet man gelegentlich Hinweise darauf, dass der Fleischkonsum in Deutschland leicht rückläufig sei, aber das ist statistisch nicht haltbar: So liegt der Pro-Kopf-Verzehr in Deutschland seit Jahrzehnten bei über 60 kg, und „rückläufig“ hängt davon ab, welche Jahre man vergleicht (2005: 60,4 kg; 2011: 62,5 kg, 2016: 60,5 kg und 2018: 60,2 kg).[43] Derartige Schwankungen lassen keine Tendenz erkennen.
Klimaschützer*innen werben dafür, weniger oder keine tierischen Produkte zu essen. Reiche, hochindustrielle Nationen wie Deutschland sollten in Bezug auf die Reduzierung der Emission von Treibhausgasen und in Bezug auf die Reduzierung von Zivilisationskrankheiten zukunftsweisend und vorbildlich agieren – so sieht es beispielsweise der WWF: „*Deutschland müsse in Zukunft Vorbild sein für andere europäische Länder, aber auch für solche Länder, die den westlichen Lebensstil kopieren*“ (Sarmadi 2015).
Denn der IPCC warnt im Sonderbericht deutlich: „*Entwicklungspfade mit höherem Bedarf an Nahrung, Futtermitteln und Wasser, ressourcenintensiverem Konsum und ebensolcher Produktion sowie mit geringeren technologischen Verbesserungen der landwirtschaftlichen Erträge führen zu höheren Risiken durch Wasserknappheit in Trockengebieten, Landdegradierung und Ernährungsunsicherheit.*“[41]

Informationen zur Zerstörung des tropischen Regenwaldes

Tropische Regenwälder sind komplex und vielfältig (Monsunwald, Tieflandregenwald, Bergregenwald usw., vgl. Frey & Lösch 2010). Es sind die produktivsten terrestrischen Ökosysteme der Erde (Reece et al., 2016, S. 1634 f.). Sie befinden sich zwischen dem nördlichen und südlichen Wendekreis in der äquatorialen bzw. subäquatorialen Region Südamerikas, Afrikas und Asiens. Die Biodiversität der tropischen Regenwälder ist exorbitant: So kommen zwei Drittel aller Pflanzenarten in den Tropen vor. Im tropischen Regenwald gibt es 10.000 – 30.000 Baumarten und 60 – 100 Baumarten pro Hektar. Man schätzt, dass 5.000.000 – 30.000.000 Insekten, Spinnen, Gliederfüßer und Wirbeltiere in den tropischen Regenwäldern vorkommen (Reece et al. 2016, S. 1548). Aufgrund der hohen Temperaturen und der konstanten Niederschläge sind tropische Regenwälder reichhaltig und vertikal geschichtet mit Bäumen, zahlreichen Lianen und Epiphyten (Aufsitzerpflanzen) und bieten eine große Vielfalt an Nischen und Lebensräumen. Aufgrund der ganzjährigen Wachstumszeit sind die Nährstoffkreisläufe außerordentlich schnell. Tote Biomasse wird von den Destruenten rasch verarbeitet und wieder dem Nahrungskreislauf zugeführt. Die Böden im Regenwald sind – im Gegensatz zu den Böden unserer Laubwälder – in aller Regel „*nicht das wichtigste Speicherkompartiment für die von den Pflanzen umgesetzten Mineralstoffe*“ (Frey & Lösch 2010, S. 408).
Tropische Regenwälder sind stark gefährdet. „*Innerhalb der letzten Jahrhunderte ist fast die Hälfte der ursprünglichen tropischen Wälder abgeholzt und vorwiegend in landwirtschaftliche Nutzfläche umge-*

42 https://www.weltagrarbericht.de/themen-des-weltagrarberichts/fleisch-und-futtermittel.html (Zugriff 23.12.2019)
43 https://de.statista.com/statistik/daten/studie/36573/umfrage/pro-kopf-verbrauch-von-fleisch-in-deutschland-seit-2000/ (Zugriff 23.12.2019)

wandelt worden“ (Reece et al. 2016, S. 846). Wissenschaftler*innen befürchten, dass die Abholzung des Regenwalds dazu führt, dass mittelfristig mehr als die Hälfte aller Arten auf der Erde aussterben wird (Reece et al. 2016, S. 846). Der Verlust dieser Wälder setzt überdies CO_2-frei und reduziert gleichzeitig die Aufnahme von CO_2 aus der Atmosphäre, da tropische Regenwälder aufgrund der unzureichenden Böden fast nicht zu regenerieren sind. Die Konzentration an Treibhausgasen in der Atmosphäre erhöht sich und der anthropogen bedingte Klimawandel schreitet voran.

Neben der Abholzung aufgrund des schnellen Bevölkerungswachstums in den sogenannten Entwicklungsländern tragen insbesondere die ökonomischen Interessen der Schwellen- und Industrieländer (Viehzucht, Monokulturen, Bodenschätze) zur rasanten Zerstörung der Regenwälder bei (Reece et al. 2016, S. 1548).

Die Zerstörung des Regenwaldes ist dabei das Ergebnis von Politiker*innen, die nicht genügend reglementieren, von Verbraucher*innen, die getäuscht werden (wollen) und insbesondere von skrupellosen Firmen. So schreibt Kwasniewski (2019) unter der Überschrift „‚Das schlimmste Unternehmen der Welt‘ zum Regenwald in Brasilien: *Bolsonaro und Cargill: ‚Gefahr für die wichtigsten Ökosysteme der Welt*‘“.

Die Verbraucher*innen können eigentlich nur eins tun: möglichst regional, saisonal und bewusst einkaufen.

Der Verein *Umwelthelden e. V.* pflegt eine sehenswerte Internetseite für Schüler*innen zum Thema tropische Regenwälder.[44] Als Bedrohung werden Tropenholz, Papier, Aluminium, Palmöl, Biodiesel sowie Fleisch und Soja aufgelistet. Soja- und Fleischproduktion sind Bestandteile dieses Mysterys.

Soja (*Glycine max* aus der Familie der Hülsenfrüchtler) ist recht anspruchslos und daher leicht anzubauen. Es enthält viel Eiweiß und eignet sich sehr gut als Futtermittel. Da weltweit immer mehr Fleisch gegessen wird, gibt es immer mehr Tiere, die zu füttern sind. Der Nutztierbestand in Deutschland beträgt 28 Millionen Schweine, 12,5 Millionen Rinder und 700 Millionen Hühner.[45] All diese Tiere benötigen große Mengen Nahrung. Je nach Quelle schwanken die Zahlen, aber ungefähr 60 % der Getreideernte und 70 % der Ölsaatenernte in Deutschland werden zu Tierfutter weiterverarbeitet. Soja, das im Kraftfutter der Massentierhaltung mit bis zu 30 % beigefügt ist, wird importiert, hauptsächlich aus Regenwaldländern, wobei Brasilien und Argentinien die größten Exporteure sind.

Deutschland importiert 6 – 7 Millionen Tonnen Soja. Zum Anbau werden ca. drei Millionen Hektar an Fläche benötigt, allein die Hälfte in Brasilien.[46]

Die Europäische Union importiert 35 Millionen Tonnen Sojaschrot aus Nord- und Südamerika.[47]

Insgesamt betrug die globale Anbaufläche für Soja 121 Millionen Hektar, wobei die USA, Brasilien und Argentinien die mit Abstand größten Produzenten sind.[48]

Inzwischen werden vor allem in Südamerika große Flächen des tropischen Regenwaldes abgeholzt, um Flächen für den Anbau von Soja zu schaffen. Und: 98 % des weltweiten Sojaanbaus wird zu Futter für Tiere in der Massentierhaltung verarbeitet:

„*Soja, das nach Deutschland importiert wird, landet nur in den seltensten Fällen in der Tofuwurst. Die Universität Illinois hat zuletzt in einer Studie für die US-Regierung ausgerechnet: Rund 98 Prozent des weltweit angebauten Soja wird zur Tierfütterung verwendet. Lediglich zwei Prozent werden zu Lebensmitteln*“ (Uken 2013).

Interessant ist die unterschiedliche „Effektivität“ von Soja. Aus einem Kilo Soja kann man etwa zwei Kilo Tofu herstellen. „*Setzt man die gleiche Menge Soja als Kraftfutter in der Schweinemast ein, sind die*

44 https://www.abenteuer-regenwald.de (Zugriff 23.12.2019)

45 Zahlen vom Bundesministerium für Ernährung und Landwirtschaft: https://www. bmel.de/DE/Tier/Nutztierhaltung/nutztierhaltung_node.html (Zugriff 23.12.2019)

46 https://vebu.de/tiere-umwelt/umweltbelastung-durch-fleischkonsum/wald-artensterben/anbau-von-soja/ vgl. hier auch die Zahlen des BMEL: https://www.bmel-statistik.de/landwirtschaft/tierhaltung/futtermittel/ (Zugriff 23.12.2019)

47 https://www.transgen.de/lebensmittel/1049.futtermittelimporte-europa-sojabohnen-gentechnik.html (Zugriff 23.12.2019)

48 https://de.wikipedia.org/wiki/Sojabohne (Zugriff 23.12.2019)

produzierten Mengen mickrig: Gerade einmal 300 Gramm Schweinefleisch sind möglich. Das Schwein verbraucht eben auch selbst Energie. Und natürlich ernährt es sich nicht komplett nur von Soja" (ebd.). Ernährungsphysiologisch kann man diese 300 g Schweinefleisch (z. B. als Schweinefilet) und die zwei Kilogramm Tofu über „Kilokalorien" (kcal) vergleichen. 2.000 g Tofu (aus einem Kilo Soja) entsprechen ca. 2.500 kcal, 300 g Schweinefleisch (zugefüttert mit einem Kilogramm Soja) entsprechen etwa 330 kcal. Um 2.500 kcal zu erzeugen, braucht man etwa 2.300 g Schweinefleisch (das dann mit etwa sieben Kilogramm Soja zugefüttert wurde).
Für eine vergleichbare Zahl an Kilokalorien braucht man bei Schweinefleisch etwa die siebenfache Menge an Soja. Was bedeutet das für die Anbaufläche? Wenn man für sechs bis sieben Millionen Tonnen Soja etwa sechs Millionen Hektar Land braucht (s.o.), dann braucht man für 2000 g Tofu (aus einem Kilogramm Soja) etwa fünf Quadratmeter Land. Für eine vergleichbare Zahl an Kilokalorien (mit 7 kg zugefüttert) braucht man beim Schweinefleisch auch die siebenfache Fläche, also 35 m^2!
Verglichen mit pflanzlichen Lebensmitteln wird, wie an diesem Beispiel veranschaulicht, für die Herstellung tierischer Lebensmittel ein Vielfaches an Fläche benötigt. Zudem gibt es umfangreiche Berechnungen, wie viel an Treibhausgasen bei der Produktion verschiedener Lebensmittel entstehen (siehe beispielsweise die Tabelle bei BLE 2019, S. 7). Aus derartigen Tabellen kann man Vergleiche berechnen, beispielsweise:

- Bei der Produktion von einem Kilogramm Käse werden genauso viele Treibhausgase freigesetzt wie bei der Produktion von 42,5 Kilogramm Kartoffeln.
- Bei der Produktion eines Kilogramms Butter werden genauso viele Treibhausgase freigesetzt wie bei der Produktion von über 160 Kilogramm Gemüse.
- Bei der Produktion eines Kilogramms Rindfleisch werden genauso viele Treibhausgase freigesetzt wie bei der Produktion von über 19 Kilogramm Brot.
- Bei der Produktion eines Kilogramms Tiefkühl-Pommes werden genauso viele Treibhausgase freigesetzt wie bei der Produktion von über 30 Kilogramm Kartoffeln.

WWF kommt zu einer klaren Aussage: „*Nahezu 70 % der direkten Treibhausgasemissionen unserer Ernährung sind auf tierische Produkte zurückzuführen, auf pflanzliche Produkte dagegen nur knapp ein Drittel. Unser Hunger auf Fleisch bedingt also nicht nur einen höheren ‚Landverbrauch', sondern verursacht auch wesentlich mehr Treibhausgase*" (Noleppa 2012, S. 4).

Informationen zur Nahrungskette, Nahrungspyramide und trophischen Stufen

Jeder Organismus nimmt Nahrung auf. Die Nahrung wird in Energie investiert sowie in den Aufbau des Körpers und die Aufrechterhaltung der Körperfunktionen. In der Ökosystemforschung spricht man von Nahrungsketten, -netzen und -pyramiden.
In der Nahrungskette (nicht linear: Nahrungsnetz) werden die Produzenten von den Pflanzenfressern konsumiert (Konsumenten 1. Ordnung), diese wiederum von den Fleischfressern (Konsumenten 2. Ordnung). Die Destruenten bauen das tote Material wieder ab.
Diese Nahrungskettenglieder werden allgemein als Trophiestufen (oder -ebene oder -niveau) bezeichnet. Produzenten, Konsumenten 1. Ordnung oder Konsumenten 2. Ordnung sind also jeweils eine trophische Stufe in einer Nahrungskette.
Die Trophiestufen bilden zusammen die Stoffkreisläufe. Die Produktion von organischen Nährstoffen wie Glucose und Stärke durch Fotosynthese (Pflanzen, Algen, Cyanobakterien) machen die Produzenten zur Grundlage allen Lebens. Alle nachfolgenden Trophiestufen ernähren sich von den Produzenten. Diese Ernährungsstufen kann man als Energiefluss ansehen. Jede Stufe verbraucht den Großteil der Nahrung zur Aufrechterhaltung der eigenen Lebensfunktionen. In der Ökosystemforschung spricht man von „trophischer Effizienz" und beschreibt damit den Anteil der Produktion, der auf die

nächste Ebene übergeht. Diese trophische Effizienz liegt bei etwa 10 % (vgl. Reece et al. 2016). Dies wird durch die Nahrungspyramide verdeutlicht. Im Mystery wird die trophische Effizienz durch folgenden Satz ausgedrückt: *Von trophischer Stufe zu trophischer Stufe erfolgt durch den Stoffwechsel des Konsumenten ein Biomasseverlust. Nur 10 % werden in die Biomasse der nächsten Stufe eingebaut.*
Bezogen auf uns als Konsumenten 1. oder 2. Ordnung bedeutet die trophische Effizienz:

- Wenn sich alle Menschen pflanzlich ernähren, dann werden 10 % der pflanzlichen Biomasseproduktion zum Aufbau eigener Biomasse verwendet.
- Wenn sich alle Menschen ausschließlich mit tierischen Produkten ernähren, dann wird nur 1 % der pflanzlichen Biomasse zum Aufbau eigener Biomasse verwendet.

In einer älteren Auflage des Campbells wird klar positioniert: „*Der Verzehr von Fleisch ist ein relativ ineffizienter Weg, die pflanzliche Fotosyntheseleistung zu nutzen*" (Campbell & Reece 2003, S. 1441). Die Ökosystemforschung verdeutlicht, dass eine Welternährung auf rein pflanzlicher Basis um ein Vielfaches effektiver wäre als eine, die auf Fleisch basiert. Daraus ergeben sich zwei Konsequenzen:
Würden sich alle Menschen pflanzlich ernähren, dann
1. bräuchten wir weniger Anbaufläche (siehe oben: Regenwald)
2. wäre die Produktion von Treibhausgasen deutlich reduziert. Grund dafür ist, dass die Menge an Treibhausgasen, die bei der Herstellung eines Produktes anfällt, mit der trophischen Stufe in der Nahrungskette zusammenhängt. Je höher die trophische Stufe in der Nahrungskette, desto höher ist die Menge an Treibhausgasen bei der Herstellung eines Produkts.

Vorschläge zur Durchführung des Mysterys

Im Gegensatz zu den grundsätzlichen Ausführungen aus Kapitel 2 werden bei diesem Mystery im Regelfall drei Umschläge pro Gruppe vorbereitet. In den ersten Umschlag kommen die 16 Informationskarten der Basiseinheit, in Umschlag zwei kommen acht Karten der ersten Vertiefung und in den dritten Umschlag kommen die acht Karten der zweiten Vertiefung.
Das hier vorgestellte Mystery ist aufgrund der Thematik besonders komplex und setzt bei der Lehrkraft Erfahrung im Umgang mit Mysterys und eine gute Kenntnis der Leistungsstärke der Lerngruppe voraus.
Das Thema ist von zentraler Bedeutung für Nachhaltigkeit. Bei der Bearbeitung des Mysterys besteht aber die Gefahr der Überforderung. Daher fokussiert die Basiseinheit mit nur 16 Kärtchen auf zwei Bereiche: Fleischkonsum und Gesundheit sowie Fleischproduktion und Klimawandel. Der „Aufhänger" ist „Fast Food" als ein klassisch westliches Essverhalten. Die Vernetzung dieser beiden Bereiche sollte bei 16 Karten auch bei leistungsschwächeren Schüler*innen gelingen. Es soll deutlich werden, dass die Reduktion des Fleischkonsums zwei offensichtliche Vorteile hat. Einerseits wird die Emission von Treibhausgasen vermindert und damit ein aktiver Beitrag gegen den Klimawandel geleistet. Andererseits hilft reduzierter Fleischkonsum bei der Vermeidung von Zivilisationskrankheiten.
Vertieft wird die Komplexität des Themas dann durch weitere acht Mystery-Kärtchen mit dem Aspekt „Zerstörung des Regenwalds". Dies ist – und das sollte man sich bewusst machen – nur eine von vielen möglichen Vertiefungen. Die übergroße Fleischproduktion hat ja vielfältige ökologische Auswirkungen auch in unserer Region, beispielsweise auf Landschaft, Böden oder Grundwasser (vgl. hier die seit 2013 erscheinenden Fleischatlanten, z. B. Chemnitz 2016).
Eine zweite Vertiefung im Mystery fokussiert auf die biologischen Grundlagen der trophischen Stufen. In weiteren acht Kärtchen wird das ökologische Verständnis der Schüler*innen geschärft. So wird beispielsweise die Aussage im Mystery *Pflanzliche Kost verursacht etwa nur ein Zehntel an Treibhausgasen im Vergleich zu Fleisch und Milchprodukten* durch das Verständnis der Nahrungspyramide kausalanalytisch nachvollziehbar.

Insgesamt entstehen Legekonstrukte zum Mystery, die – ausgehend vom Konsum eines Hamburgers – auf vier Bereiche fokussieren.
Leistungsstarke Klassen könnten mit allen Kärtchen beginnen, dann ist der erreichte Vernetzungsgrad höher. Dies liegt daran, dass die Schüler*innen die Kärtchen der vier Bereiche intensiver untereinander vergleichen müssen.
Interessant ist auch die Variante, zunächst mit dem Bereich der Nahrungspyramide zu beginnen (Kärtchen 25 – 32). Nach dem Legen der acht Kärtchen (vielleicht sogar als Einstieg mit großen Kärtchen gemeinsam im Klassenverband) können dann zunächst die biologischen Grundlagen gesichert für alle erläutert werden. Die nachfolgende Bearbeitung der anderen Bereiche als Mystery lässt dann bei einigen Schüler*innen eine stärkere Vernetzung des eigenen Handelns (Essen eines Burgers) mit den biologischen Grundlagen zu.
In der Arbeitsvorlage 1 ist unten eine Umrechnungsaufgabe integriert. Die Antworten, die oben in diesem Begleittext näher erläutert wurden, sind a) 2.300 g Schweinefleisch, b) 7 kg werden zugefüttert und c) 5 m^2 für 2.000 g Tofu, 5 m^2 für 300 g Schweinfleisch und 35 m^2 für 2.300 g Schweinefleisch.

„Was hat Frau Burgers Krankheit mit dem Klimawandel zu tun?"

- Eure Aufgabe ist es herauszufinden, was diese Aussage bedeutet.

- Dazu liegen drei Umschläge mit Informationskarten bereit. Eine Person aus eurer Gruppe nimmt eine beliebige Karte aus Umschlag 1 und liest sie den anderen vor. Dann wird die Karte auf das Plakat gelegt. **Wichtig: Es wird immer nur eine Karte aus dem Umschlag genommen!**

- Nacheinander werden so alle Kärtchen vorgelesen und abgelegt.

- Legt die Kärtchen zueinander, von denen ihr denkt, dass sie zusammengehören. Versucht dann, die Zusammenhänge zwischen den einzelnen Prozessen herauszufinden. Dazu könnt ihr die Kärtchen verschieben.

- Wenn ihr alle Kärtchen ausgelegt habt, dann nehmt die nächsten acht Kärtchen aus Umschlag 2 und verknüpft diese mit eurem Legekonstrukt.

- In Umschlag 3 sind noch einmal acht Informationskarten dem Legekonstrukt zuzuordnen.

- Durch Pfeile und Beschriftungen sollt ihr zeigen, wie die verschiedenen Informationen in eurem Legekonstrukt miteinander in Verbindung stehen.

- Wenn ihr mit dem Ergebnis zufrieden seid, klebt die Kärtchen, so wie ihr sie gelegt habt, auf das Plakat.

Zusatzaufgabe:

- Aus 1.000 g Soja kann man 2.000 g Tofu oder 300 g Schweinefleisch herstellen. 2.000 g Tofu haben einen Nährwert von 2.500 kcal (Kilokalorien), 300 g Schweinefleisch haben einen Nährwert von 330 kcal.

  - Wie viel Schweinefleisch hat den Nährwert von 2.000 g Tofu?
  - Wie viel Kilogramm Soja werden für diese Menge Schweinefleisch verfüttert?
  - Wenn zur Produktion eines Kilogramms Soja 5 m^2 an Anbaufläche benötigt werden, wie viel Fläche wird dann benötigt für
    a) 2.000 g Tofu
    b) 300 g Schweinefleisch
    c) x g Schweinefleisch mit dem Nährwert von 2.000 g Tofu?

Frau Burger liebt Fast Food. Aber damit ist jetzt Schluss, sagt ihre Ärztin. Sie ist stark übergewichtig und hat Diabetes, die Zuckerkrankheit, so wie mehr als 6,6 Millionen Deutsche.

In Deutschland essen 85 % der Bevölkerung täglich oder nahezu täglich Fleisch und Wurst und damit viermal so viel Fleisch wie Mitte des 19. Jahrhunderts.

Fett, Salz und Zucker waren zu Zeiten der Urmenschen noch Mangelware. Daher steuerte das Gehirn den Körper z. B. mit Glückshormonen. Heute sind Fett, Salz und Zucker alles andere als Mangelware, aber das Gehirn belohnt noch immer – mit der Folge, dass wir viel zu viel davon essen.

Unser Essverhalten wird über Botenstoffe gesteuert. So werden durch die Aufnahme von Fett bestimmte Enzyme aktiviert, die einen Heißhunger auf neues Fett erzeugen. Ähnlich ist das bei Zucker: Wenn man Zucker isst, steigt im Blut der Spiegel an Glückshormonen, sodass man noch mehr davon möchte.

In Deutschland sind 75 % aller Männer und 59 % aller Frauen übergewichtig. Knapp 15 % der Kinder und Jugendlichen sind ebenfalls bereits übergewichtig – Tendenz steigend.

In Industrieländern sind Herzerkrankungen eine der häufigsten Todesursachen. Jährlich werden 665.000 Menschen deswegen eingeliefert, sagt die Ärztin. Ab jetzt muss Frau Burger strenge Diät halten.

Diabetes ist eine Stoffwechselerkrankung, die auch bei jungen Menschen immer häufiger wird. Ursachen sind oft eine ungesunde Ernährung und Übergewicht. Diabetes führt zu Schäden an Herz, Augen und Nieren.

Zivilisationskrankheiten sind Erkrankungen, die im Zusammenhang mit dem modernen Lebensstil stehen, wie er in den Industrieländern weit verbreitet ist.

Risiken für das Auftreten von Zivilisationskrankheiten sind beispielsweise Zigarettenrauch, Alkohol, hoher Zuckerkonsum, Bewegungsmangel und falsche Ernährung.

Insgesamt 60 kg Fleisch und Wurst essen Menschen in Deutschland durchschnittlich im Jahr. Deutlich zu viel, meinen nicht nur Klimaschützer, sondern auch Mediziner und Ernährungswissenschaftler. Sie empfehlen 300 bis 600 g pro Woche, das sind 15 bis 30 kg im Jahr.

Die momentane, globale Erwärmung („der Klimawandel") ist durch den Menschen verursacht. Bis zum Ende des Jahrhunderts ist eine Erwärmung der globalen Temperaturen um bis zu drei Grad zu befürchten. Schon bei zwei Grad Erwärmung gibt es Hitzewellen und die extremen Wetterereignisse nehmen zu.

Kohlenstoffdioxid und Methan sind Beispiele für Treibhausgase, die verantwortlich gemacht werden für den Klimawandel. Kohlenstoffdioxid entsteht z. B. bei der Verbrennung von Kohle oder Benzin. Hauptquelle für Methan ist die Landwirtschaft, insbesondere die Massentierhaltung.

Das Umweltbundesamt schreibt 2019: *„Die Landwirtschaft in Deutschland trägt maßgeblich zur Emission klimaschädlicher Gase bei."*

In vielen Ländern, in denen bisher wenig tierische Produkte gegessen wurden, essen die Menschen heute mehr Fleisch und Milchprodukte. Wenn das so bleibt, werden 2050 doppelt so viele klimabelastende Nahrungsmittel gegessen wie heute.

Ein Rind muss etwa alle 40 Sekunden rülpsen. Dabei befördert es Methan aus dem Verdauungstrakt. Weltweit gibt jedes der rund 1,3 Milliarden Rinder täglich bis zu 300 l Methan an die Umwelt ab. Das ist jährlich so viel Treibhausgas, wie ein Mittelklasseauto für 18.000 Kilometer produziert.

Pflanzliche Kost verursacht etwa nur ein Zehntel an Treibhausgasen im Vergleich zu Fleisch und Milchprodukten. Klimaschützer*innen werben daher dafür, weniger Fleisch oder andere tierische Produkte zu essen.

Tropische Regenwälder sind ökologisch wertvoll und besonders artenreich, doch Regenwälder werden zunehmend zerstört für den Abbau von Rohstoffen, Plantagenwirtschaft und Tierzucht.

Aus einem Kilogramm Sojabohnen kann man zwei Kilogramm Tofu herstellen. Wird die gleiche Menge Soja als Kraftfutter in der Schweinemast eingesetzt, werden gerade einmal 300 g Schweinefleisch produziert.

Soja im Kraftfutter der Massentierhaltung wird hauptsächlich aus Regenwaldländern importiert. Für das in Deutschland benötigte Soja werden etwa drei Millionen Hektar Land weltweit benötigt.

Bei der Produktion eines Kilogramms Butter werden genauso viele Treibhausgase freigesetzt wie bei der Produktion von über 160 kg Gemüse.

Verglichen mit pflanzlichen Lebensmitteln wird für die Herstellung tierischer Lebensmittel ein Vielfaches an Fläche benötigt.

98 % des weltweiten Sojaanbaus wird zu Futter für Tiere in der Massentierhaltung verarbeitet.

Die mehr als 700 Millionen Nutztiere in Deutschland benötigen große Mengen Nahrung. Ein großer Teil der Weizen- und Maisernte wird hierfür verwendet. Kraftfutter für Rinder, Schweine und Geflügel besteht außerdem zu bis zu 30 % aus Soja.

Verschiedene Lebensmittel verursachen unterschiedlich viel Treibhausgas. Die tierischen Produkte auf unserem Speiseplan haben einen Anteil von 70 % an der ernährungsbedingten Produktion von Treibhausgasen.

Die Menge an Treibhausgasen, die bei der Herstellung eines Produktes anfällt, hängt zusammen mit der trophischen Stufe in der Nahrungskette. Je höher die trophische Stufe in der Nahrungskette, desto höher ist die Menge an Treibhausgasen bei der Herstellung eines Produkts.

Grüne Pflanzen produzieren bei der Fotosynthese Nährstoffe wie Glucose und Stärke, die wiederum den Tieren als Nahrung dienen. Somit sind die Pflanzen die Grundlage allen Lebens.

Von trophischer Stufe zu trophischer Stufe erfolgt durch den Stoffwechsel des Konsumenten ein Biomasseverlust. Nur 10 % werden in die Biomasse der nächsten Stufe eingebaut.

Eine trophische Stufe ist eine Stufe in einer Nahrungskette.

Jeder Organismus nimmt Nahrung auf. Die Nahrung wird in Energie investiert und in den Aufbau des Körpers und die Aufrechterhaltung der Körperfunktionen.

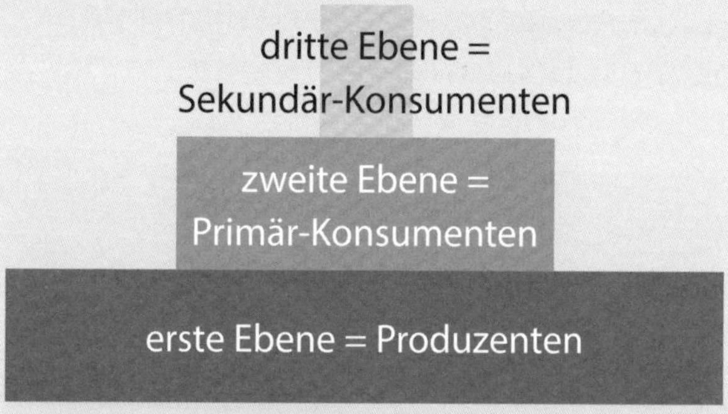

Wenn sich alle Menschen pflanzlich ernähren, dann werden 10 % der pflanzlichen Biomasseproduktion zum Aufbau eigener Biomasse verwendet.
Wenn sich alle Menschen ausschließlich mit tierischen Produkten ernähren, dann wird 1 % der pflanzlichen Biomasse zum Aufbau eigener Biomasse verwendet.

Wenn sich alle Menschen pflanzlich ernähren würden, dann bräuchten wir weniger Anbaufläche und würden die Produktion von Treibhausgasen deutlich reduzieren können.

6. Weißes, flüssiges Gold? – Mystery zur Ökobilanz der Milch

Norbert Pütz

Grundsätzliches

Gold symbolisiert etwas Wertvolles. Die Begrifflichkeit „Weißes Gold“ wurde und wird auch heute noch in verschiedenen Kontexten für einige weiße, wertvolle Dinge verwendet, etwa für Marmor oder Porzellan. Auch für organische Stoffe wie Baumwolle oder Papier wurde der Begriff gelegentlich benutzt, mitunter auch für Zucker oder Salz. In Anlehnung daran ist die Mystery-Leitfrage zu sehen: „Weißes, flüssiges Gold?“ pointiert auf den immensen Wert, den Milch in unserer Ernährung hat. Das Fragezeichen setzt dazu einen Kontrapunkt, indem es andeutet, dass es auch Schattenseiten der Milch geben könnte.

Die Ökobilanz von Produkten ist bei dieser Thematik eine notwendige Vertiefung zu den Grundlagen der Landwirtschaft, die bereits in der Unterstufe thematisiert werden. Für das Verständnis anthropogen beeinflusster Ökosysteme ist der Begriff der Ökobilanzierung insofern von grundlegender Bedeutung, als dadurch die Umweltverträglichkeit eines Produkts bewertbar wird. Der Begriff wird zunehmend präsent in Politik und Medien und entsprechend sollten unsere Schüler*innen im Sinne der Nachhaltigkeit diesen Begriff verstehen und ein Bewusstsein dafür entwickeln.

Das vorliegende Mystery führt die Begrifflichkeit der Ökobilanz ein und verdeutlicht sie am Produkt Kuhmilch. Die Schüler*innen erarbeiten das Mystery und lernen, dass dieses Produkt neben seiner ursprünglich biologischen Bedeutung nicht nur eine große Rolle als Nahrungsmittel für uns Menschen spielt, sondern zugleich im Sinne der Nachhaltigkeit im Rahmen der Ökobilanzierung einen nicht unbedeutenden Faktor darstellt. Das Mystery bringt zudem eine umweltfreundliche Alternative in Form von „Pflanzendrinks“ ein, die vielen Kindern vermutlich noch gänzlich unbekannt sind.

Im Sinne des transtheoretischen Modells der Verhaltensänderung (siehe Kapitel 1) soll durch das Mystery die zweite Stufe erreicht werden: Vom „Nichtwissen“ zum Wissen um die Notwendigkeit einer Verhaltensänderung. Hierzu wird das Thema „Kuhmilch“ kritisch hinterfragt und durch die Erweiterungskarten des Mysterys vertiefend vernetzt mit den Bereichen „Gesundheitsrisiken durch Kuhmilch“ und „Tierleid“.

Informationen zur Milch

Rinder wurden besonders in Europa nicht nur als Zugtiere, für ihr Fleisch oder ihre Häute, sondern vor allem auch für ihre Milch gehalten.

Der Mensch hält seit etwa 10.000 Jahren Tiere zur Milchproduktion, zunächst Schafe und Ziegen, später dann Pferde, Esel, Kamele, Wasserbüffel, Yaks oder Auerochsen, aus denen auch das Hausrind gezüchtet wurde.[49]

Milch ist aus chemischer Sicht eine Emulsion, also ein fein verteiltes Gemisch zweier normalerweise nicht mischbarer Flüssigkeiten wie Öl und Wasser.[50] Die EU-Milchverordnung definiert Milch *„als das durch tägliches Melken gewonnene Eutersekret von zur Milchgewinnung gehaltenen Kühen“*[51]. Zudem wird Kuhmilch unterschieden von Milch anderer Säugetiere, z. B. Schafsmilch oder Ziegenmilch.

49 https://de.wikipedia.org/wiki/Milch (Zugriff 24.12.2019)
50 https://de.wikipedia.org/wiki/Emulsion (Zugriff 24.12.2019)
51 Verordnung über Hygiene- und Qualitätsanforderungen an Milch und Erzeugnisse auf Milchbasis (Milchverordnung). https://www.vetion.de/gesetze/Gesetzestexte_pdf/MilchVO.pdf (Zugriff 24.12.2019)

Im biologischen Sinne schließlich stellt Milch die Nährflüssigkeit dar, die bei Säugetieren nach einer Schwangerschaft in Drüsen produziert wird, um den Nachwuchs (Säugling) in seinen ersten Lebensmonaten vollständig zu ernähren.[52] Kuhmilch besteht zu 87 % aus Wasser, dazu aus Fett, Eiweiß und Kohlenhydraten, Vitaminen, Mineralstoffen[53] und Wachstumshormonen. Damit ist sie ein Hochleistungsprodukt, das in der Lage ist, in kürzester Zeit das Kälbchen heranwachsen zu lassen. Daher sind Rinder mit 8 – 10 Monaten bereits geschlechtsreif. Die erste Besamung eines weiblichen Hausrinds erfolgt bei sogenannter Zuchtreife[54] im Alter von 18 Monaten. Daher sind Kühe beim ersten Kalben etwa 27 Monate alt.

Die Anpassung des menschlichen Verdauungstraktes an den Gebrauch von Milchprodukten wurde möglich durch eine Genmutation zur Laktosetoleranz, durch die Milchzucker auch über das Säuglingsalter hinaus vom Menschen verdaut werden kann. Diese Menschen hatten ihren Artgenoss*innen gegenüber einen Vorteil, und entsprechend erhöhte sich der Anteil an Menschen mit Laktosetoleranz, vor allem in Europa. Mit der Auswanderung der Europäer*innen auf die Kontinente Amerika und Australien wurde diese Praxis ausgeweitet. Dennoch sind weltweit die meisten Menschen auch heute noch laktoseintolerant (Meier 2016). Die Symptome einer Laktoseintoleranz reichen von schwachen Ausprägungen (Blähungen, Völlegefühl) bis hin zu sehr starken Beschwerden (Übelkeit und Durchfall).

Im Jahre 2017 wurden weltweit 674.000.000 Tonnen Kuhmilch produziert.[55] Deutschland belegte dabei weltweit den vierten Rang mit 32.666.363 Tonnen Kuhmilch.

In Deutschland verbraucht jede Person[56] pro Jahr ca. 69 Liter Milch, fünf Kilogramm Butter und knapp 22 Kilogramm Käse. Diese gigantische Produktion ist einerseits möglich durch Industrialisierung, also durch Massentierhaltung.

Andererseits können diese ungeheuren Produktionsmengen erst durch die entsprechende Züchtung moderner „Hochleistungsrinder" bereitgestellt werden. Ursprüngliche Rassen gaben etwa 5 – 8 Liter Milch am Tag, so viel, wie ein Kalb zum Wachsen braucht. Hochleistungsrinder geben heutzutage zwischen 50 und 100 Liter Milch am Tag.[57] Die jährliche Milchleistung wird kontinuierlich optimiert: Um 1950 schaffte jede Kuh durchschnittlich 2.480 Kilogramm Milch pro Jahr, 1990 waren es 4.710 Kilogramm, 2010 bereits 7.085 Kilogramm und 2018 lag der Durchschnitt bei 8.059 Kilogramm.[58]

Neben Massentierhaltung und Züchtungsoptimierungen gelingt die hohe Produktion durch eine spezielle, kalorienreiche Ernährung. Anstelle von Gras und Klee fressen Hochleistungsrinder sogenanntes Kraftfutter aus Mais, Getreide und Soja. In vielen Staaten außerhalb der EU werden auch Tiermehle verfüttert – eine fragwürdige Praxis bei reinen Pflanzenfressern.

Informationen zur Ökobilanz in Bezug zur Emission von Treibhausgasen

Emission bedeutet im Deutschen „Austrag" und beschreibt die Aussendung von Stoffen in die Umwelt. Emissionen können menschlichen („anthropogenen") oder natürlichen Ursprungs sein. Natürliche Emissionen gehen beispielsweise von Rindern (z. B. Kohlenstoffdioxid und Methan), Pflanzen (z. B. Pollen) oder Vulkanen (z. B. Schwefeldioxid) aus.

52 https://de.wikipedia.org/wiki/Milch (Zugriff 24.12.2019)

53 https://www.milch-guide.de/kuhmilch.php (Zugriff 24.12.2019)

54 Dies ist der Zeitpunkt, in dem ein Tier über einen ausreichenden physischen Entwicklungsstand verfügt, um zur Zucht genutzt zu werden. Siehe: https://www.tierklinik.de/medizin/gynaekologie/sexualzyklus/zuchtreife (Zugriff 24.12.2019)

55 Zahl aus Produktionsstatistik der FAO für 2017. fao.org. (FAO = Ernährungs- und Landwirtschaftsorganisation der Vereinten Nationen, Food and Agriculture Organization of the United Nations)

56 Zahl aus Verbraucherstatistik der FAO für 2013. fao.org. (FAO = Ernährungs- und Landwirtschaftsorganisation der Vereinten Nationen, Food and Agriculture Organization of the United Nations)

57 http://www.kuh-projekt.de/Kuehe/milch.html (Zugriff 24.12.2019)

58 https://de.statista.com/statistik/daten/studie/153061/umfrage/durchschnittlicher-milchertrag-je-kuh-in-deutschland-seit-2000/ (Zugriff 24.12.2019)

Auch die Treibhausgase, die den anthropogenen Klimawandel verursachen, werden unter „Emissionen“ gefasst. Für die erfolgreiche Durchführung dieses Mysterys ist die Klärung dieser Begriffe notwendig und erfolgt daher in einem Informationskärtchen: „Der Gehalt an Treibhausgasen wie Methan und Kohlenstoffdioxid in der Atmosphäre steigt. Dadurch wird der Treibhauseffekt verstärkt und es kommt zur globalen Erwärmung.“[59]
Relevant sind Emissionen vor allem für Berechnungen zur Ökobilanz. Der Begriff „Ökobilanz“ beschreibt die systematische und vollständige Analyse der Umweltwirkungen von Produkten während der Produktion, der Nutzungsphase und der Entsorgung. Umweltwirkungen innerhalb einer Ökobilanz beziehen sich auf die umweltrelevanten Entnahmen aus der Umwelt (z. B. Rohstoffe) sowie die Emissionen in die Umwelt (z. B. Abfälle oder die Emissionen von Treibhausgasen). Eine Ökobilanz bewertet Handlungs- oder Produktionsprozesse und ist daher geeignet, diese mit Ausblick auf eine nachhaltige Entwicklung zu optimieren.[60] In den Medien ist der Begriff inzwischen omnipräsent: „Ökobilanz Elektroroller: *‚Zu Fuß gehen ist besser‘*“ (taz 06.08.2019);[61] „Ökobilanz der Hamburger Schulen verbessert sich“ (Welt 05.08.2019)[62] oder „Ökobilanz: Darf man noch guten Gewissens ans Meer fliegen?“ (Augsburger Allgemeine 26.07.2019).[63]
Das vorliegende Mystery konzentriert sich auf die Ökobilanz in Bezug auf die Emission von Treibhausgasen.
Mithilfe normierter Verfahren lässt sich berechnen,[60] wie viele Treibhausgase während eines Produktionsprozesses oder einer Handlung emittiert werden. Diese Zahl ist für sich allein i. d. R. wenig aussagekräftig. Erst durch Gegenüberstellungen wird verständlich, wie die absoluten Zahlen einzuordnen sind und welche Handlungen in Bezug auf Treibhausgasemission günstiger oder ungünstiger sind.

Informationen zur Ökobilanz der Milch

Berechnet man die Ökobilanz der Kuhmilch in Bezug auf die Emission von Kohlenstoffdioxid, so werden laut Fao Report (2010) für einen Liter Kuhmilch weltweit 2,4 Kilogramm Kohlenstoffdioxid ausgestoßen. Dies entspricht der Kohlenstoffdioxidemission bei der Verbrennung eines Liters Benzin (Wachter 2019). Da jeder Deutsche jedes Jahr durchschnittlich 69 Liter Milch trinkt, bewirkt allein der jährliche Milchkonsum von 80 Millionen Deutschen eine Kohlenstoffdioxidemission von 13.248.000 Tonnen.
Eine Alternative zur Kuhmilch stellen Pflanzendrinks dar. Der Begriff „Milch“ darf laut Europäischem Gerichtshof für pflanzliche Produkte nicht verwendet werden, „weil diese der EU-Verordnung Nr. 1308/2013 über eine ‚gemeinsame Marktorganisation für landwirtschaftliche Erzeugnisse‘ nach ‚Produkten tierischen Ursprungs‘ vorbehalten sind.“[64] Allerdings gibt es eine Ausnahmeliste mit Produkten wie Kokosmilch.
Vergleicht man die Ökobilanz von Kuhmilch mit der von Pflanzendrinks (vgl. die Abbildung in der Arbeitsvorlage 2), so wird deutlich, dass beim Haferdrink nur 31 %, beim Sojadrink sogar nur 23 % an Treibhausgasemissionen gegenüber der Kuhmilch anfallen. Würden alle Deutschen anstelle von Kuhmilch pro Jahr 69 Liter Haferdrink konsumieren, dann würde die Kohlenstoffdioxidemission um über 9.000.000 Tonnen reduziert auf 4.106.000 Tonnen und damit faktisch gedrittelt werden.
Der Verzicht auf Kuhmilch stellt somit eine der zentralen Handlungsmöglichkeiten dar, um eine nachhaltige Ernährung zu gewährleisten. Auch in anderen Aspekten weisen Pflanzendrinks übrigens eine

59 Vertiefende Informationen zu Treibhausgasen finden sich in Kapitel 5 (Zugriff 24.12.2019).
60 https://www.umweltbundesamt.de/themen/wirtschaft-konsum/produkte/oekobilanz
61 https://taz.de/Oekobilanz-Elektro-Roller/!5613792/
62 https://www.welt.de/regionales/hamburg/article198006329/Klimaschutz-Oekobilanz-der-Hamburger-Schulen-verbessert-sich.html
63 https://www.augsburger-allgemeine.de/dillingen/Oekobilanz-Darf-man-noch-guten-Gewissens-ans-Meer-fliegen-id55024526.html
64 https://www.heise.de/tp/features/EuGH-erklaert-Bezeichnungen-wie-Sojamilch-fuer-verboten-3743902.html (Zugriff 24.12.2019)

deutlich bessere Ökobilanz auf als Kuhmilch: So werden zur Herstellung von einem Liter Haferdrink im Vergleich zu einem Liter Kuhmilch nur 39 % der Energie und nur 21 % der Landfläche gebraucht; dieses Verhältnis trifft in unterschiedlichen Prozentzahlen auf alle übrigen Varianten von Pflanzendrinks zu (Wachter 2019, vgl. auch hier die Abbildung in der Arbeitsvorlage 2).

Zur Durchführung der Mysterys

Das vorliegende Mystery ist in zweifacher Hinsicht etwas ungewöhnlich, dies betrifft die Protagonist*innen sowie die Erweiterungskarten.
Auf die Charakterisierung von Protagonist*innen, wie es in vielen anderen Mysterys geschieht, wird verzichtet. In diesem Mystery sollen Milch bzw. Milchprodukte eben nicht emotionalisiert werden; stattdessen geht es um die Verbindung eines biologischen Produkts mit dessen ökologischer Bewertung. Protagonisten würden vom Thema hier eher ablenken. Die Leitaussage macht durch den Begriff „Gold" neugierig genug, sodass die Schüler*innen das Mystery i. d. R. interessiert beginnen. Die Informationsfragmente zu den Handlungssträngen „Kuhmilch" und „Ökobilanz" sollen dann den Arbeitsprozess der Schüler*innen steuern. Diese kognitive Analyse erscheint für Schüler*innen ab 14 Jahren geeignet.
Als Einstieg in das Thema könnte ein stummer Impuls dienen, indem man eine etikettfreie Glasflasche mit Milch (Kuhmilch, Haferdrink o. Ä.) auf den Tisch stellt und ein „Blitzlicht"[65] durchführt. Die Aussagen sollten aufgeschrieben werden und könnten dann später verglichen werden (siehe unten).
Im Anschluss an die Durchführung des Mysterys sowie die Besprechung der Legekonstrukte (z. B. als Galeriegang) sollte Arbeitsvorlage 2 genutzt werden. Diese verdeutlicht zunächst die Ökobilanzierung der Milch als Schema. Drei Aspekte der Ökobilanzierung werden hier vergleichend dargestellt. Es wird deutlich, dass Haferdrink die ökologisch sinnvollste Alternative ist.[66]
In der zweiten Aufgabe in Arbeitsvorlage 2 kommen die Erweiterungskarten zum Einsatz. Diese sind dieses Mal also nicht zur inneren Differenzierung der Lerngruppe gedacht, sondern erweitern das Bewusstsein aller Schüler*innen. Hier werden die beiden Bereiche Gesundheit und Tierleid kurz aufgeführt. Diese sollen im Legekonstrukt eingefügt werden.
Einerseits häufen sich die Hinweise auf gesundheitsschädliche Wirkungen beim Verzehr von Milch und Milchprodukten (Henrich 2015). So gibt es Studien, die einen Zusammenhang zwischen Akne und Milchkonsum herstellen: „*Akne ist eine Zivilisationskrankheit, ein Symptom der Milch-in-Massen- und Latte-macchiato-Generation*" (Alder 2016, S. 296). Ebenso wird der Zusammenhang zwischen MS (Multiple Sklerose: chronisch entzündliche, nicht ansteckende Erkrankung des zentralen Nervensystems) und Milchkonsum immer wahrscheinlicher (Zur Hauser & Villers 2016).
Andererseits wird das Leid der Tiere thematisiert, deren Körperfunktionen industrieller Massenproduktion unterworfen werden. Dabei sind nicht nur die Überzüchtung und die Haltung als solche problematisch. Denn obschon die enge Bindung zwischen Säugetiermüttern und ihren Jungen inzwischen hinreichend belegt ist, werden Kühe und Kälber in der Massentierhaltung unmittelbar nach der Geburt getrennt. Die Kälber werden zunächst entsprechend einsam in Kälberboxen[67] gehalten und schließlich entweder geschlachtet, wenn sie männlich sind, oder zu Milchkühen herangezogen. Da die Milchleistung einige Wochen nach dem Kalben kontinuierlich abnimmt, wird die Kuh wenige Monate darauf erneut besamt und bringt neun Monate später ihr nächstes Kalb zur Welt.
Eine geeignete Vertiefungsaufgabe ist nun, die Gruppen je zwei Mystery-Karten zu beiden Themen

65 Blitzlicht-Methode: Jede*r Schüler*in äußert sich kurz mit einem Stichwort oder einem Satz zum Thema. siehe: https://de.wikipedia.org/wiki/Blitzlicht-Methode (Zugriff 27.12.2019)
66 Die Abbildung im Arbeitsblatt hatte als Vorlage die Abbildung der Albert Schweitzer Stiftung: https://albert-schweitzer-stiftung.de/aktuell/oekobilanz-pflanzenmilch (Zugriff 27.12.2019).
67 https://www.peta.de/milch-hintergrund (Zugriff 27.12.2019)

anfertigen zu lassen. Dies ist natürlich nur nach entsprechender Recherche möglich, die organisiert werden muss. Die Legekonstrukte könnten auf diese Weise ergänzt werden und würden den Schüler*innen veranschaulichen, dass dieses nachhaltige Thema engmaschig mit vielen weiteren Aspekten stark vernetzt ist. Im Anschluss würde sich ein weiterer Galeriegang anbieten, um die erweiterten Konstrukte zu besprechen und die Diskussion über die Inhalte zu vertiefen.
Abschließend könnten die Glasflaschen erneut als ausleitender Impuls dienen. Ob und wie sich die Gedanken und Einstellungen der Schüler*innen gewandelt haben, ließe sich hier besonders deutlich erkennen. Möglicherweise bietet sich an, verschiedene Sorten pflanzlicher Alternativen zur Kuhmilch zu verkosten. Für viele dürfte eine solche Probe der erste Kontakt mit derartigen Produkten sein, entsprechend verhalten fallen in der Regel die Reaktionen aus. Es handelt sich jedoch um einen Impuls, der immer wieder Schüler*innen ermutigt, Gewohnheiten aufzubrechen, insbesondere dann, wenn praktische Erfahrungen weitergegeben werden. („Mir schmeckt mein Tee mit Haferdrink besser" oder: „Beim Müsli merkt man den Unterschied nicht.")
Die Thematisierung von Kuhmilch im Rahmen nachhaltiger Bildung bietet sich vor allem deshalb an, weil sie jeder*jedem Einzelnen recht deutlich vor Augen führt, welche sehr konkreten Auswirkungen das persönliche Handeln haben kann. Plakativ kann die Ökobilanz der Kuhmilch in Bezug auf die Emission von Kohlenstoffdioxid mit der Verbrennung eines Liters Benzin verglichen werden (s. o.). Eine Person, die auf das tägliche Glas Milch (200 ml) verzichtet, „spart" im Jahr 73 l Milch und kompensiert damit Autofahrten in der Größenordnung von knapp 1.500 km (bei einem Verbrauch von 5 l auf 100 km).

Antworten zu den Fragen in der Arbeitsvorlage 1:

1. Milch ist eine Emulsion, da im Wasser feine Öltröpfchen verteilt sind.
2. Emission bedeutet die Aussendung von Stoffen in die Umwelt.
3 27 Monate
4. 2,4 kg je Liter
5. Bei der Ökobilanz wird gegenübergestellt, was der Mensch aus der Umwelt entnimmt und was er wieder in die Umwelt hineingibt.
6. Milch war und ist ein wichtiges und wertvolles Lebensmittel. Das Fragezeichen zeigt, dass die Milch auch negative Seiten hat, z. B die schlechte Ökobilanz, die Massentierhaltung und die Förderung von Krankheiten.
7. Um die eigene Ökobilanz zu verbessern, könnte weniger Milch getrunken bzw. auf Pflanzendrink umgestiegen werden.

„Weißes, flüssiges Gold?"

- Eure Aufgabe ist es herauszufinden, was diese Frage bedeutet.
- Eine Person aus der Gruppe nimmt eine beliebige Karte aus dem Umschlag und liest sie den anderen vor. Dann wird die Karte auf das Plakat gelegt.

Wichtig: Es wird immer nur eine Karte aus dem Umschlag genommen!

- Nacheinander werden so alle Kärtchen vorgelesen und abgelegt.
- Legt die Kärtchen zueinander, von denen ihr denkt, dass sie zusammengehören.
- Versucht, die Zusammenhänge zwischen den einzelnen Prozessen herauszufinden. Dazu könnt ihr die Kärtchen verschieben.
- Durch Pfeile und Beschriftungen sollt ihr zeigen, wie die verschiedenen Informationen miteinander in Verbindung stehen. Wenn ihr mit dem Ergebnis zufrieden seid, klebt die Kärtchen, so wie ihr sie gelegt habt, auf das Plakat.
- Beantwortet mithilfe eures Legekonstrukts folgende Fragen:

1. Erkläre die Aussage, dass Milch eine Emulsion ist.
2. Was bedeutet Emission?
3. Wie alt ist eine Kuh, wenn sie zum ersten Mal Milch gibt?
4. Wie hoch ist die Kohlenstoffdioxidemission bei einem Liter Milch?
5. Was bedeutet der Begriff Ökobilanz?
6. Warum hat die Leitaussage ein Fragezeichen? Ist Milch nun flüssiges, weißes Gold oder nicht?
7. Was könntest du tun in Bezug auf den Milchkonsum, um deine persönliche Ökobilanz zu verbessern?

„Weißes, flüssiges Gold?"

Die Abbildung verdeutlicht verschiedene Aspekte der Ökobilanzierung der Kuhmilch im Vergleich zu Pflanzendrinks. Erkläre deinem Partner oder deiner Partnerin anhand der Abbildung, was Ökobilanz bedeutet und warum du etwas bewegen kannst, wenn du weniger Kuhmilch trinkst.

Die Erweiterungskarten nennen weitere Gründe, auf Kuhmilch zu verzichten. Diese sind (1) Gesundheit und (2) Tierleid. Fügt die vier Erweiterungskarten in euer Legekonstrukt ein. Recherchiert zu den Themen Gesundheit und Milch bzw. Tierleid und Milch im Internet und fertigt für jeden dieser beiden Aspekte zwei Mystery-Kärtchen an. Ergänzt mit euren eigenen Kärtchen euer Legekonstrukt.

Unter einer Emulsion versteht man ein fein verteiltes Gemisch zweier normalerweise nicht mischbarer Flüssigkeiten, z. B. Wasser und Öl.

Natürliche Emissionen gibt es beispielsweise durch Rinder (z. B. Kohlenstoffdioxid und Methan), durch Pflanzen (z. B. Pollen) oder durch Vulkane (z. B. Schwefeldioxid).

Berechnet man die Ökobilanz der Kuhmilch in Bezug auf die Emission von Kohlenstoffdioxid, so wird für einen Liter Kuhmilch genauso viel Kohlenstoffdioxid ausgestoßen (2,4 kg Kohlenstoffdioxid) wie bei der Verbrennung eines Liters Benzin.

Milch anderer Säugetiere als Nahrungsmittel zu nutzen war ursprünglich eine Idee der Menschen in Europa. Mit dem Auswandern nach Amerika und Australien wanderte auch das Konzept der Milchnutzung auf diese Kontinente.

Der Mensch hält seit etwa 10.000 Jahren Tiere zur Milchproduktion, zunächst Schafe und Ziegen, später dann Auerochsen, Pferde, Esel, Wasserbüffel, Kamele oder Yaks.

Wird Milch von anderen Säugetieren als der Kuh verwendet, muss diese laut Milchverordnung gekennzeichnet sein, z. B. als Schafsmilch oder als Ziegenmilch.

Milch im biologischen Sinn ist eine Nährflüssigkeit, die bei Säugetieren nach einer Schwangerschaft in Drüsen produziert wird, um den Nachwuchs (Säugling) die ersten Monate vollständig zu ernähren.

Der Begriff „Ökobilanz“ beinhaltet, was der Mensch aus der Umwelt entnimmt (z. B. Rohstoffe), und das, was er wieder in die Umwelt hineingibt (z. B. Abfälle, Kohlendioxidemissionen).

Im Jahre 2017 wurden weltweit 674.000.000 Tonnen Kuhmilch produziert. Deutschland als vergleichsweise relativ kleiner Staat belegt weltweit den vierten Rang mit 32.666.363 Tonnen Kuhmilch.

Das Hausrind wurde auf eine erhöhte Milchproduktion gezüchtet. Ursprüngliche Rassen gaben etwa 5 – 8 l Milch am Tag. Hochleistungsrinder geben durchschnittlich 50 l Milch am Tag.

Der Gehalt an Treibhausgasen wie Methan und Kohlenstoffdioxid in der Atmosphäre steigt. Dadurch wird der Treibhauseffekt verstärkt und es kommt zur globalen Erwärmung.

Würden alle Deutschen statt 69 l Kuhmilch im Jahr 69 l Haferdrink nutzen, dann würde die Kohlenstoffdioxidemission um über 9.000.000 Tonnen reduziert auf 4.106.000 Tonnen.

Das Hausrind wurde vom Menschen aus dem Auerochsen gezüchtet. Eine Kuh ist ein weibliches Rind nach dem ersten Kalben. Da die Besamung mit 18 Monaten erfolgt, sind Kühe beim ersten Kalben etwa 27 Monate alt.

Normalerweise können nur Babys Milch verdauen. Durch die Mutation zu Lactosetoleranz war dies auch einigen Erwachsenen möglich. Das war vor mehreren Tausend Jahren ein Vorteil und Menschen mit dieser Eigenschaft haben sich stark ausgebreitet.

Die meisten Menschen auf der Welt sind lactoseintolerant. Trinken sie Milch, dann kommt es zu Blähungen, Übelkeit und Durchfall.

In Deutschland verbraucht jede Person pro Jahr ca. 69 l Milch, 5 kg Butter und knapp 22 kg Käse.

Die gigantische Milchproduktion von Ländern wie Deutschland ist nur möglich durch Industrialisierung, also durch Massentierhaltung.

Zur Herstellung von einem Liter Haferdrink wird 39 % der Energie verbraucht, die man zur Herstellung von einem Liter Kuhmilch benötigt. Zur Herstellung von einem Liter Haferdrink benötigt man außerdem 21 % der Landfläche, die man zur Herstellung von einem Liter Kuhmilch gebraucht.

Neben Züchtungsoptimierungen gelingt die hohe Milchproduktion durch eine spezielle Ernährung. Statt Gras und Klee fressen Hochleistungsrinder trockenes, gemahlenes Kraftfutter aus Mais, Getreide und Soja.

Jeder Mensch kann durch sein Verhalten die persönliche Ökobilanz verbessern! Wenn jede oder jeder Einzelne etwas dazu tut, ändert sich am Ende ganz viel zum Besseren!

Laut EU-Milchverordnung ist Milch das durch „tägliches Melken gewonnene Eutersekret von zur Milchgewinnung gehaltenen Kühen“.

Milch ist eine weiße, trübe Emulsion mit Stoffen wie Proteinen, Zuckern, Fetten und Hormonen in Wasser.

Emission heißt im Deutschen „Austrag“ und bedeutet die Aussendung von Stoffen in die Umwelt. Emissionen können menschlichen („anthropogenen“) oder natürlichen Ursprungs sein.

Eine Ökobilanz stellt Werte gegenüber. So kann beispielsweise die Ökobilanz von Kuhmilch und Pflanzendrink verglichen werden. Haferdrink hat nur 31 %, Sojadrink sogar nur 23 % an Treibhausgasemission gegenüber der Kuhmilch.

Die Kälber werden die ersten Wochen in Kälberboxen gehalten und dann entweder geschlachtet oder zu Milchkühen herangezogen.

Die Kuh und ihr Kalb werden in der Massentierhaltung sofort nach der Geburt getrennt. Wie alle Säugetiere haben auch Rinder einen starken Brutpflegetrieb, der so nicht ausgelebt werden kann. Die Kuh muht oft tagelang nach dem Verlust ihres Kalbs.

Es gibt zunehmend Studien, die zeigen, dass der Verzehr von Milch und Milchprodukten gesundheitsschädlich sein kann.

Mehrere Studien zeigen einen Zusammenhang zwischen Gesichtsakne und Milchkonsum.

7. Was hat Familie Schmidt damit zu tun, dass Dora einen Pullover trägt? – Mystery zur Massentierhaltung, zum Konsumverhalten und zur Hühnerrettung

Julia Mülhausen und Norbert Pütz

Grundsätzliches

Wir alle konsumieren, jeden Tag. In der Regel schenken wir den Produkten, die wir verbrauchen, keine besondere Beachtung – schon gar nicht, wenn sie günstig sind. Eier zählen zu diesen Produkten. Gerade jüngere Generationen haben zwar eine Vorstellung davon, dass ein Haushuhn ein Ei legt, und vielleicht haben sie auch schon einmal ein Haushuhn gesehen. Dennoch sind diese Kenntnisse für gewöhnlich recht diffus und wenig eindeutig, eben weil das Frühstücksei ein so alltägliches Produkt ist. Es ist zu vermuten, dass gerade Schüler*innen wenig über die Zusammenhänge und Umstände wissen, unter denen Eier produziert werden. Denn die Naturentfremdung unserer Kinder schreitet immer weiter voran. Die Ursachen sind zahlreich, besonders bedeutsam sind jedoch die steigende Relevanz der digitalen Welt sowie die zunehmende Urbanisierung (Irmer 2017). Ein Symptom dieser Naturentfremdung ist die inzwischen beinahe selbstverständliche Trennung zwischen der Produktion von Lebensmitteln und deren Verbrauch (Joy 2013). Dies trifft auch und in besonderem Maße auf das Haushuhn zu.

Schulen greifen in den unteren Klassen im Biologieunterricht die Haustiere auf. Unterrichtsreihen über das Haushuhn sind im Internet relativ leicht zu besorgen[68], und eine dezidierte Behandlung des Themas ist in nahezu jedem Schulbuch zu finden.

Auch die Herausgeber*innen dieses Bands haben das Thema in verschiedenen Einheiten konventionell behandelt – bis durch den Verein „Rettet das Huhn" die ersten vier Legehybride aus Massentierhaltung zur Pflege aufgenommen wurden und schmerzhaft erkannt wurde, was vorher schon zu ahnen war, aber erfolgreich verdrängt wurde: Die Realität der Eiproduktion hat mit den üblichen Informationen oft nicht viel zu tun.

Grundsätzlich, aber auch vor dem Hintergrund verantwortungsvollen Handelns stellt sich die Frage, ob es Sinn ergibt, jüngeren Generationen eine verklärte Hühner-Bauernhof-Idylle zu suggerieren. Immerhin sind sie später die verantwortungsvollen Verbraucher*innen und sollten wissen, wie die Realität der Eierproduktion aussieht.

Das vorliegende Mystery zeigt die Missstände der Eiproduktion, indem es das Schicksal des Huhns Dora als Stellvertreterin ihrer Art für Schüler*innen nachvollziehbar darstellt. Das Mystery ist damit auch eine klare Botschaft: dass jede*r ihren*seinen Beitrag zum Tierwohl leisten kann.

Tierethik und Nachhaltigkeit?

In den 17 Nachhaltigkeitszielen, die die UN formuliert haben (Kapitel 1.1), wird ein verantwortungsvoller Umgang mit Haustieren im Grunde nicht thematisiert. Aus biologischer Sicht greift Nachhaltigkeit daher in Bezug auf die Milliarden domestizierter Individuen zu kurz, denn aus biologischer

---

68 https://www.planet-schule.de/wissenspool/lebensraeume-in-haus-und-garten/inhalt/unterricht/das-huhn-von-frau-hahn.html oder https://www.school-scout.de/68684-das-haushuhn oder http://www.schule-bw.de/faecher-und-schularten/mathematisch-naturwissenschaftliche-faecher/biologie/unterrichtsmaterialien/um56bnt/biologische-inhalte-bnt-5-6/heimundnutztiere/artgerecht/nutztiere/huehnerhaltung.pdf (Zugriff 27.12.2019)

Sicht ist verantwortungsbewusstes Handeln nämlich nicht nur eine Frage von Ressourcen oder Chancengleichheit. Neben der grundlegenden Betrachtung der ökologischen Zusammenhänge ist das Verständnis des Tiers als eigenständiger und fühlender Organismus wesentlich.

Hunde aus Qualzuchten (vgl. Kapitel 9) erregen, als Haustiere etabliert, unser Mitleid. Bei anderen, vom Menschen hochgezüchteten Rassen, wie Rindern, Schweinen oder Hühnern, sollte das nicht anders sein – nur weil sie gemeinhin als „Nutztiere“ verstanden werden. Der Aspekt der Qualzucht, der sich im „Hochleistungshuhn“ manifestiert, wird im vorliegenden Mystery aber nur in Ansätzen thematisiert, indem die im Vergleich zum Urhuhn stark gesteigerte Legeleistung umrissen wird. Stattdessen fokussiert das Mystery auf die Problematik der Massentierhaltung und des Tierwohls.

Zwar spricht das Gutachten des wissenschaftlichen Beirats für Agrarpolitik aus dem Jahr 2015 von einem Paradigmenwechsel: „*Die Bewertung der Nutztierhaltung beschränkt sich nun nicht mehr auf die Haltungssysteme und das Management, sondern bezieht auch Tierschutzindikatoren aus den Bereichen der Tiergesundheit und des Tierverhaltens mit ein*“ (WBA 2015, S. 1). Unsere Erfahrungen weisen allerdings eher darauf hin, dass der Weg hin zu einer tatsächlichen Neuausrichtung der Agrarpolitik noch recht weit ist. Die Betriebe, die Bodentierhaltung betreiben, sind nach wie vor zahlreich und Hühner, die in diesem Umfeld gehalten werden, in einem beklagenswerten Zustand (Abbildung 1).

Abbildung 1: Dies sind Arielle, Daniela, Fiona und Janine D: vier Hühner, die nach einer Rettungsaktion von *Rettet das Huhn* eine neue Heimat gefunden haben. Das Bild wurde am 01.05.2019, einen Tag nach der Übernahme der Hühner, aufgenommen.

Selbst wenn sich in Bezug auf die Lebensumstände deutscher Nutztiere ein positiver Trend abzeichnen würde – die hohen Importzahlen für Eier aus Käfighaltung nach Deutschland, die sich dann in verarbeiteten Lebensmitteln wie z. B. Keksen oder Eiernudeln wiederfinden, zeigen doch nur, dass das Problem ausgelagert wird in andere Regionen dieser Welt.

Verantwortungsvolle Nachhaltigkeit inkludiert ein angemessenes Tierwohl bei nachhaltiger Landwirtschaft. Hier kann und muss auch der Verbraucher Verantwortung übernehmen. Das vorliegende Mystery soll verdeutlichen, dass der Konsum von Eiern aus Bodentierhaltung in diesem Kontext nicht vertretbar ist, genauso wie von Produkten, die die Herkunft ihrer verwendeten Eier nicht offenlegen.

Denn gerade die Beachtung scheinbarer Nebensächlichkeiten ist zentraler Bestandteil verantwortungsvollen, ökologischen sowie nachhaltigen Handelns.

Informationen zur Hühnerhaltung

Ein Huhn legt natürlicherweise etwa 15 – 20 Eier pro Jahr in einem Gelege, das es dann großzieht. Im Jahr 1950 legte in Deutschland ein Huhn bereits durchschnittlich 120 Eier pro Jahr, 2015 waren es knapp 300.[69] Hier wurden die Züchtungen in Hinblick auf Legehybride optimiert. Diese Hühner legen bis zu 300 Eier im Jahr, jedoch nur etwa 1½ Jahre lang. Dann beginnen die Eier fehlerhaft zu werden und die Produktion lässt nach, denn die tägliche Produktion eines solch nährstoffhaltigen Eis kostet viel Kraft und hat Krankheiten zur Folge: „*Aufgrund ihrer Überzüchtung auf extrem hohe Eierproduktion in Kombination mit den unnatürlichen Haltungsbedingungen leiden Legehennen regelmäßig an diversen Krankheiten und Verletzungen.*“[70]
In Deutschland werden diese optimierten Hennen in vier verschiedenen Formen gehalten.[71]
Die Kennziffer „0“ bezeichnet die ökologische Haltung: bis zu 3.000 Legehennen im Stall, dabei sind sechs Hennen pro Quadratmeter das Mindestmaß[72] sowie eine 18 cm lange Sitzstange pro Huhn. Jede Henne verfügt theoretisch über vier Quadratmeter Auslauffläche im Freien (bei 230 Hennen pro Hektar). Die restlichen Regeln sind diffus formuliert: „*Die Fütterung sollte mit ökologischen, möglichst betriebseigenen Futtermitteln erfolgen. Bei der Behandlung der Hennen im Krankheitsfall sind Naturheilmittel und homöopathische Arzneien zu bevorzugen.*“[71]
Mit der Kennziffer „1“ ist Freilandhaltung gekennzeichnet. Der Stall entspricht dabei lediglich den Anforderungen, die auch an die Bodenhaltung gestellt werden, zusätzlich erhalten die Hennen jedoch laut Verordnung tagsüber Zugang zu vier Quadratmeter Auslauffläche. „*Die Auslauffläche sollte zum größten Teil bewachsen sein und nicht zu anderen Zwecken genutzt werden, außer als Obstgarten, Wald oder Weide. Der maximale Radius der Auslauffläche beträgt 350 m. Bei einem Radius von 150 bis 350 m müssen im Auslauf Unterstände und ggf. Tränken vorhanden sein.*“[71]
Kennziffer „2“ bezeichnet die Bodenhaltung: Die Hennen leben in Gruppen bis zu 6.000 Tieren in einem geschlossenen Stall, wobei dieser in bis zu vier Ebenen, die in der Regel aus Drahtgeflecht bestehen, übereinander angeordnet sein kann. Auf einem Quadratmeter dürfen maximal neun Hennen leben (das sind 1.100 cm^2, oder eine Fläche von 33 x 33 cm^2), bei mehreren Ebenen dürfen es bis zu 18 Hennen pro Quadratmeter Stallgrundfläche sein. Vorhanden sind Nester zur Eiablage und Sitzstangen für die Ruhephasen sowie Scharrflächen mit Einstreu. „*Zwei Drittel der nutzbaren Stallfläche werden mit Gitterrosten aus Kunststoff ausgelegt, durch die der Tierkot auf Entsorgungsbänder oder in Kotgruben fällt, sodass die Hennen weitgehend von ihren Ausscheidungen getrennt werden.*“[71]
Die Volierenhaltung in der Kleingruppe hat die Kennziffer „3“. Die Gruppengröße beträgt 20 bis 60 Hennen. Jede Henne hat dabei eine Fläche von mindestens 900 cm^2 – das sind 30 x 30 Zentimeter! Die sogenannten Kleingruppen sind dabei in Etagen übereinander angeordnet, befinden sich in Käfigen in einem geschlossenen Stall mit künstlichem Licht und ohne frische Luft. Die restliche Beschreibung bleibt diffus: „*Die Bedürfnisse der Tiere sind durch ein angemessenes Platzangebot und die Aufteilung des Käfigs in Einstreufläche, Nest und Sitzstangen berücksichtigt. Die Kleingruppe bietet den Legehennen ein abgedunkeltes Nest zur ungestörten Eiablage, Sitzstangen für erhöhtes Ruhen und Einstreu zum Scharren und Picken.*“[71]

69 Neue Wege für mehr Tierwohl. Ein Magazin des Bundesministeriums für Ernährung und Landwirtschaft, 1. Auflage, Januar 2016, S. 7

70 Für weitere Details siehe die Ausführungen der Albert-Schweitzer-Stiftung. https://albert-schweitzer-stiftung.de/massentierhaltung/legehennen/2 (Zugriff 27.12.2019).

71 http://www.deutsche-eier.info/die-henne/haltungsformen/ (Zugriff 27.12.2019)

72 Das sind 1.666 cm^2 oder eine Fläche von 40x40 cm.

Die offensichtlich enge Haltung der Tiere wird durch Massenbetriebe verstärkt. Das Bundeszentrum für Ernährung zählte im Jahr 2017 über 45 Millionen Hennen in Deutschland: „*Die meisten Betriebe in Deutschland halten zwischen 10.000 und 30.000 Hennen. Nur etwa fünf Prozent der Betriebe halten mehr als 100.000, knapp zwei Prozent mehr als 200.000 Hennen. Fast 40 Prozent aller Legehennen in Deutschland leben allerdings in diesen großen Betrieben mit mehr als 100.000 Tieren.*“[73]

Hühner aus Massentierhaltung stehen aufgrund der Enge im Stall unter massivem Stress und entwickeln Verhaltensstörungen. „*Federpicken und Kannibalismus sind nicht aggressiv motivierte Verhaltensstörungen. Ihr Auftreten hängt von verschiedenen Faktoren der Haltung ab, wobei besonders eine fehlende Futterstruktur und ein Mangel an Beschäftigungsmaterialien sowie hohe Besatzdichten hervorzuheben sind.*“[74] Ihr „gerupftes“ Äußeres ist also eine direkte Folge ihrer Haltung.

Das Federpicken an anderen Hennen wird als umorientiertes Nahrungserwerbsverhalten durch fehlerhafte Haltungsbedingungen angesehen.[75] Da die Tiere zu wenig Auslauf haben, eine ungeeignete Bodenstruktur vorfinden und ein sehr einseitiges Futterangebot („Legemehl“) bekommen, bleibt das angeborene Verhalten der Schnabelaktivität unbefriedigt und wird zunehmend an benachbarten Hühnern ausgelebt. Federn werden ausgerissen und gegessen. Federpicken verursacht erhebliches Leiden. Neben Dauerstress und Schmerzen wird das Individuum eingeschränkt, da das Federkleid vielfältige Aufgaben erfüllt (Temperaturregulation, Schutz gegen Feuchtigkeit, Kommunikation).[74]

Kannibalismus unter Hühnern ergibt sich aus den gleichen Verhaltensstörungen, wobei hier die Haut selbst angepickt wird, sodass kleine Wunden entstehen. Hühner verwechseln die offenen Stellen mit Nahrung, z. B. Fleisch, und picken weiter. Die Verletzungen werden stärker. Etliche Hühner in Massentierhaltung sterben an diesen Folgen. Kannibalismus wird im Mystery jedoch nicht als Kärtchen thematisiert, da die Thematik dadurch zu emotional aufgeladen und von den eigentlichen Zusammenhängen ablenken würde.

Maßnahmen gegen diese Verhaltensstörungen wären ein wechselndes Futterangebot, genügend Auslauffläche und Rückzugsmöglichkeiten, kurz gesagt, angemessene Haltungsbedingungen.

Hühner aus Massentierhaltung werden nach etwa 14 Monaten aufgrund der nachlassenden Legeleistung „ausgestallt“ – ein Euphemismus für das, was wirklich geschieht: Die Hühner bestehen im Wesentlichen aus Haut, einigen Federn und Knochen (siehe Abbildung 1) und sind nur noch wenige Cent wert. Sie werden oft tausende Kilometer weit, dabei teils unter widerrechtlichen Bedingungen,[76] zu Großschlachthöfen transportiert, geschlachtet und zu Haustierfutter oder Hühnersuppe verarbeitet.[77]

Einige Ställe in Deutschland überlassen ihre Hühner dem Verein *Rettet das Huhn*, der dann mit ehrenamtlichen Helfer*innen und auf eigene Kosten alle Hühner eines Stalls übernimmt. Die schwersten Fälle der meist mehr als 1.000 Hühner kommen in medizinische Behandlung, die anderen werden an tierliebe Hühnerhalter kostenfrei abgegeben. Bei guter Pflege verlieren die Hühner die Verhaltensauffälligkeiten schnell und regenerieren sich innerhalb weniger Monate (Abbildung 2).

In *Menschen hautnah* gibt es eine aktuelle Dokumentation[78] zum Thema: „*Vom Glück, ein Huhn zu retten.*“

73 https://www.bzfe.de/inhalt/eier-erzeugung-4126.html (Zugriff 27.12.2019)

74 https://albert-schweitzer-stiftung.de/massentierhaltung/legehennen/2 (Zugriff 27.12.2019)

75 https://de.wikipedia.org/wiki/Federpicken (Zugriff 27.12.2019)

76 https://www.rettet-das-huhn.de/aktuelles/gestoppter-hühnertransport-a5/ (Zugriff 27.12.2019)

77 Siehe https://www.peta.de/faktenblatthuehner und https://www.rettet-das-huhn.de/der-verein/botschaften-und-ziele/hinter-gr%C3%BCnde-der-eierproduktion/ (Zugriff 27.12.2019)

78 https://www1.wdr.de/mediathek/video/sendungen/menschen-hautnah/video-vom-glueck-ein-huhn-zu-retten-100.html (Zugriff 27.12.2019)

Abbildung 2: Die Hühner Nadeshda, Tiffany, Joy und Annegret (gerettet im Juli 2018), fotografiert im April 2019.

Die Verhaltensforschung zeigt, dass sich ein Huhn 60 bis 100 verschiedene Artgenossinnen merken kann und dass Hühner mit etwa 30 verschiedenen Lauten untereinander kommunizieren und diverse soziale Verhaltensmuster zeigen können. Außerdem werden zunehmend kognitive Leistungen beschrieben: *„Die Henne mit dem Spitznamen 007 war für ihre Aufmüpfigkeit bekannt. Während sie hinter der Tür warten sollte, begann sie, mit ungeduldigen Kopfbewegungen den Schließmechanismus zu untersuchen. Nach wenigen Augenblicken zog 007 sorgfältig den Draht ab, der den Riegel geschlossen hielt. Die Tür ging auf und die Henne hatte vor sich, was sie wollte: den Hahn mit dem Futter. Nach diesem einen Versuch wartete 007 niemals mehr hinter der Tür. Obwohl die Forscher den Schließmechanismus mehrmals veränderten, kam ihnen 007 jedes Mal auf die Schliche und öffnete die Tür selbst"* (Smith & Zielinski 2015).

Informationen zur Story im Mystery

Protagonist des Mysterys ist einerseits Familie Schmidt, die den Bezug zur Lebenswirklichkeit der Schüler*innen herstellt. Familie Schmidt konsumiert Eier, ohne groß darüber nachzudenken: Sie kaufen Eier aus Bodenhaltung. Durch eine Dokumentation werden sie auf die Missstände aufmerksam und beschließen, in Zukunft beim Kauf von Eiern sorgfältiger zu sein. Für die Schüler*innen soll dieser Denkanstoß durch die Durchführung des Mysterys geleistet werden.

Eigentliche Protagonistin ist jedoch Dora, ein durch Federpicken zerrupftes Huhn aus Massentierhaltung. Der Zustand in Massentierhaltungsbetrieben wird dabei angedeutet, aber nicht im Detail und in aller Grausamkeit vertieft. Nach 14 Monaten in Bodenhaltung in einem Massenbetrieb sollen Dora und ihre Artgenossen ausgestallt werden. Glücklicherweise werden sie vom Verein „Rettet das Huhn" übernommen und an Privathaushalte verteilt. Dora bekommt ein neues Zuhause und darf jetzt nicht nur im Stall, sondern auch „draußen" leben. Durch das fehlende Federkleid ist Dora allerdings noch nicht zur optimalen Temperaturregulation befähigt, bekommt daher in den ersten Wochen einen

Pullover aus Fleece um und ist so nicht völlig ungeschützt gegen die Kälte. Der Zusammenhang der Leitaussage wird hier offensichtlich: Familie Schmidt kauft Bodenhaltungseier und ist dadurch mitverantwortlich für die „gerupften Hühner", im speziellen Fall für Dora, die einen wärmenden Pullover tragen muss. Dora kann vollständig regenerieren. Dieser Kern der Geschichte wird genutzt, um im Mystery die unterschiedlichsten Fakten zu Hühnerhaltung und Hühnern zu vermitteln und um einen positiven Ausblick zu bieten.

Zur Durchführung der Mysterys

Das Mystery behandelt einen für die meisten Schüler*innen unbekannten Sachverhalt. Die Story beschränkt sich daher auf die grundlegenden Zusammenhänge. So wird etwa das gestörte Tierverhalten nur angesprochen, aber im Mystery nicht vertieft. Ziel des Mysterys ist es, den Schüler*innen die momentan gängige Praxis zu verdeutlichen und ihre Empathie für die gequälten Tiere zu fördern. Eine Verhaltensänderung bei der Verwendung von Massentierhaltungsprodukten ist vermutlich dann besonders dauerhaft. Auch wenn empirische Belege für diese Vermutung ausstehen, liegt sie doch nahe.
Das Mystery kann zwar als Einstieg in die Unterrichtseinheit „Haushuhn" verwendet werden, sinnvoller aber scheint es als Vertiefung, wenn vorab die idyllische Scheinwelt besprochen wurde und anschließend mit der im Mystery dargestellten Realität verglichen werden kann.
Das Thema bietet sich gerade in den unteren Klassen an, insbesondere auch, weil die Möglichkeiten einer Verbesserung der Umstände relativ leicht zu erkennen sind. Es kommt vor allem darauf an, dass sich Schüler*innen ihres Verhaltens – und dem der Massenhersteller*innen – bewusst werden. Hierzu bietet sich an, nach der Konstruktion des Mysterys die Fragen auf dem Arbeitsblatt zu besprechen, denn so kann einerseits das Verständnis kontrolliert werden, andererseits der eigene Bezug hinterfragt und durch die letzte Frage eine Bewertungskompetenz entwickelt werden. Die Lösungsansätze werden von Schüler*innen der unteren Klassen in der Regel sofort erkannt: kleinere Hennengruppen, mehr Platz, mehr Auslauf, vielfältiges Futter. Natürlich ist auch hier nicht abschätzbar, ob im Rahmen einer Verhaltensänderung (siehe Kapitel 1) bei den Schüler*innen eine höhere Stufe als zwei erreicht werden kann – vermutlich bedarf es dafür mehr als nur eines Mysterys.

Lösungen zu den Fragen in der Arbeitsvorlage 1:

1. Dora hat ein Mäntelchen an, weil sie nach der Zeit in Massentierhaltung kaum noch Federn hat und „draußen" frieren würde.
2. Dora ist federlos durch Stress, Verhaltensstörungen („Federpicken") und Kämpfe um Rangordnung oder Schlafplätze.
3. Familie Schmidt ist beim Eierkaufen unkritisch: mal kaufen sie aus Bodenhaltung, mal aus Freilandhaltung.
4. Freilandhaltung, Bodenhaltung, ökologische Haltung, Kleingruppenhaltung, Massenhaltung
5. Vor 70 Jahren legten Hühner etwa 120 Eier jährlich, heute legen sie bis zu 300 Eier pro Jahr.
6. Wenn man in der Woche drei Eier isst, dann isst man im Jahr 156 Eier. Dazu kommen die „versteckten" Eier aus Nudeln, Mayonnaise, Fertiggerichten oder Keksen, die aber in Zahlen kaum zu fassen sind.
7. Ein Ei ist ein qualitativ hochwertiges, nährstoffreiches Produkt, das sich ja zu einem Küken entwickeln soll. All diese Nährstoffe muss die Henne bereitstellen.
8. Man könnte nur noch Eier kaufen, von denen man weiß, dass sie in kleinen Gruppen in Freilandhaltung leben. Zudem könnte man auf Produkte verzichten, die Eier aus Massenhaltung nutzen.

„Was hat Familie Schmidt damit zu tun, dass Dora einen Pullover trägt?"

- Eure Aufgabe ist es herauszufinden, was diese Aussage bedeutet.
- Eine Person aus der Gruppe nimmt eine beliebige Karte aus dem Umschlag und liest sie den anderen vor. Dann wird die Karte auf das Plakat gelegt.

Wichtig: Es wird immer nur eine Karte aus dem Umschlag genommen!

- Nacheinander werden so alle Kärtchen vorgelesen und abgelegt.
- Legt die Kärtchen zueinander, von denen ihr denkt, dass sie zusammengehören.
- Versucht, die Zusammenhänge zwischen den einzelnen Prozessen herauszufinden. Dazu könnt ihr die Kärtchen verschieben.
- Durch Pfeile und Beschriftungen sollt ihr zeigen, wie die verschiedenen Informationen miteinander in Verbindung stehen. Wenn ihr mit dem Ergebnis zufrieden seid, klebt die Kärtchen, so wie ihr sie gelegt habt, auf das Plakat.
- Beantwortet mithilfe eures Legekonstrukts folgende Fragen:

1. Dora hat ein Mäntelchen an, warum?
2. Warum hatte Dora nur noch wenige Federn?
3. Was hat Familie Schmidt damit zu tun?
4. Welche Typen der Hühnerhaltung werden im Mystery erwähnt?
5. Wie viele Eier legt ein Huhn heute und vor 70 Jahren?
6. Im Mystery wird gesagt, dass in Deutschland jede Person 230 Eier im Jahr isst. Also auch du. Rechne nach. Wie viele Eier isst du in der Woche, im Monat, im Jahr? Stimmt die Zahl 230 auch für dich?
7. Im Mystery wird gesagt, dass das Legen eines Eis für ein Huhn kräftezehrend sei, es wird aber nicht erklärt, warum das so ist. Kannst du Gründe nennen?
8. Was können wir tun, um zu verhindern, dass es Hühnern so schlecht geht?

Mögliche Folgen der Überzüchtung bei Legehybriden sind: Calciummangel, ausgeleierte Legedärme, Kloakenvorfälle, Tumore im Legedarm, Bauchfellentzündungen und Bauchdeckenbrüche.

Das ist Dora, 14 Monate alt. In ihrem neuen Zuhause kann sie jetzt noch 2–4 Jahre weiterleben.

Bei Freilandhaltungen haben die bis zu 6.000 Hennen neben dem Stall einen Auslauf von vier Quadratmetern pro Henne. Obwohl Bewuchs im Freilauf vorgeschrieben ist, ist dieser oft so karg, dass die Hühner auf den offenen Flächen Angst vor Feinden haben und so den Stall nicht verlassen.

Ursprünglich legten Hühner nur wenige Eier. Die hochgezüchteten sogenannten Legehybride (Spezialzüchtungen) legen bis 300 Eier im Jahr. Diese enorme Belastung hat viele Krankheiten der Tiere zur Folge.

Die Legehybride werden meist in modernen Massenbetrieben gehalten. Bodenhaltung ist in Deutschland die vorherrschende Haltungsform.

Dora lebt zusammen mit 1.400 anderen Hühnern in Bodenhaltung in einer großen Halle in einem Betrieb im Sauerland.

Die meisten Betriebe in Deutschland halten zwischen 10.000 und 30.000 Hennen. Nur etwa 5 % der Betriebe halten mehr als 100.000, knapp 2 % mehr als 200.000 Hennen. Die meisten Legehennen leben in Deutschland in Niedersachsen und Nordrhein-Westfalen.

Durch Stress, Verhaltensstörungen („Federpicken") und Kämpfe um Rangordnung oder Schlafplätze sind die meisten Hühner in Massentierhaltung im Alter von 12 Monaten nahezu federlos, so auch Dora.

Weil Dora nur noch am Hals ein etwas dichteres Federkleid hat, bekommt sie einen Pullover aus Vlies mit Klettverschluss, der sie ein bisschen wärmt.

Selbst in modernen Legebetrieben gibt es für Hühner keine artgerechte Beschäftigung, kein Tageslicht und keinerlei naturnahes Erfahren (Jahreszeiten, Insekten, unterschiedliche Böden ...). Dadurch entwickelt sich bei den Tieren ein gestörtes Verhalten, z. B. Federpicken.

2017 legten in Deutschland 45,7 Millionen Hennen im Durchschnitt jeweils 292 Eier. Der Pro-Kopf-Verbrauch von Eiern liegt bei 230 Stück pro Jahr.

An einem kalten Novembersamstag morgens um drei ist es so weit: Die Hühner werden „ausgestallt", was bedeutet, der Stall wird geräumt – dieses Mal von den Helfern von „Rettet das Huhn". Dora ist dabei und darf leben.

In vielen Produkten wie Keksen, Kuchen, Nudeln oder Fertiggerichten können Eier verarbeitet sein. Damit der Preis möglichst gering ist, sind diese Eier im Ausland qualvoll in Käfighaltung produziert worden.

Dora genießt ihre ersten Tage in der Natur. Nach etwa einer Woche hat sie sich das erste Mal aus dem Stall getraut. Den freien Himmel, Erde und Wetter kannte sie bisher nicht.

Um den hohen Eierverbrauch zu decken, wurden aus den Ursprungshühnern im Laufe der Jahrhunderte die Legehybride gezüchtet.

Große Tiergruppen, also aus über 60 Tieren, führen bei Hühnern zu dauerhaftem Stress, ewigen Kämpfen und Kannibalismus.

Das ist Familie Schmidt.

Beim Einkaufen bemühen sich die Schmidts um Qualität, aber sie müssen auch gut mit ihrem Geld haushalten. Wenn sie Eier kaufen, wählen sie mal solche aus „Bodenhaltung“, mal die aus „Freilandhaltung“.

Die Hühner in Doras neuer Herde kommunizieren auf vielfältige Weise: Neben zahlreichen verschiedenen Lauten spielt die Gefiederstellung, Stellung des Kamms und der Hautlappen eine Rolle bei der Kommunikation.

Ein Huhn aus der Eierindustrie ist etwa 12 – 18 Monate alt, wenn es aufgrund der nachlassenden Legeleistung getötet wird. Dies betrifft auch Biohühner.

Der Verein *Rettet das Huhn* hat Vereinbarungen mit einigen Eierlegebetrieben. So dürfen freiwillige Helfer des Vereins die wertlos gewordenen Legehennen an Menschen vermitteln, die den Hühnern noch ein artgerechtes Leben bieten wollen.

Bei Dora beginnen schnell kleine Federn zu wachsen. Ein halbes Jahr später benötigt sie keinen Pullover mehr.

Hühnergruppen sollten ein Maximum von 60 Individuen nicht überschreiten. Bei dieser Gruppengröße kann sich jedes Huhn alle Gesichter, Charaktere und deren Stellung in der Hackordnung merken. Man nennt dies Kleingruppenhaltung. Dora lebt jetzt in einer Gruppe von 12 Hühnern.

Familie Schmidt als Vierpersonenhaushalt verbraucht in der Woche etwa zehn Eier.

Obwohl Dora mager und federlos ist, legt sie jeden Tag ein makelloses braunes Ei mit orangegelbem Dotter. Das Legen der Eier raubt Dora jeden Tag viel Kraft.

Die ökologische Haltung bedeutet maximal 3.000 Hennen bei sechs Hennen pro Quadratmeter. Ein Auslauf im Freien hat mindestens vier Quadratmeter. Die Fütterung sollte nur mit ökologischen Futtermitteln erfolgen.

Das sprichwörtliche „dumme Huhn" gibt es nicht: Hühner sind extrem neugierig und aufmerksam. Ihr Verhalten in der Gruppe zeigt taktisches Vorgehen, Empathie und Fürsorge.

Man hat herausgefunden, dass Hühner logische Handlungen lernen. So können sie die Funktionsweise eines Hebelmechanismus durchschauen und anwenden.

Vermutlich stammen unsere heutigen Haushuhnrassen vom südostasiatischen Bankivahuhn ab. Es lebt in Herden zwischen 16 und 40 Tieren im Dschungel Südostasiens. Die Legeleistung beträgt maximal 20 Eier pro Jahr; die Küken werden dann großgezogen.

Die Bodenhaltung in Massenbetrieben bedeutet Haltung im Stall mit bis zu 6.000 Hennen über vier Ebenen übereinander. Pro Quadratmeter sind neun Hennen erlaubt.

Vor 70 Jahren legte ein Huhn in Deutschland etwa 120 Eier pro Jahr, da sie weniger hochgezüchtet waren und im Winter keine Eier legten.

Familie Schmidt sieht im Fernsehen einen Dokumentarfilm über Hühnerhaltung. Sie beschließen, zukünftig nur noch Eier aus ökologischer Haltung zu kaufen.

8. Wie wird Tims Luftballon Teil einer 6.000 km entfernten Insel? – Mystery zur ökologischen Bedeutung der „Plastikinseln“

Julia Mülhausen und Norbert Pütz

Grundsätzliches

Kunststoffe sind vielseitige Werkstoffe. Das vorliegende Mystery fokussiert auf unseren sorglosen Umgang mit den daraus hergestellten Massenprodukten. Der Luftballon im Mystery ist dabei der Anknüpfungspunkt an die Lebenswirklichkeit der Schüler*innen. Er ist konkret und greift unmittelbar den oft sorglosen Umgang mit Plastik(müll) auf. Das Mystery zeichnet den Weg nach, den auch kleinste und alltäglichste Produkte aus Kunststoff zurücklegen können, bis sie schließlich Teil einer Plastikinsel werden. Die Schüler*innen erarbeiten mithilfe des Mysterys diesen Weg und werden zugleich mit der biologischen Bedeutung des Plastikmülls konfrontiert. Im Sinne einer Verhaltensänderung ist zu hoffen, dass die Schüler*innen zu einem dauerhaften, nachhaltigen Umgang mit Plastik animiert werden, insbesondere dann, wenn im Rahmen einer anschließenden Diskussion Möglichkeiten thematisiert werden, im Alltag auf Kunststoffprodukte zu verzichten. Denn die Reduzierung von Plastikmüll an Land ist eine unserer Handlungsmöglichkeiten, etwas gegen die Plastikinseln zu tun. Auf Basis der 17 UN-Ziele und im Sinne einer Bildung für nachhaltige Entwicklung lernen die Schüler*innen den schonenden Umgang mit Ressourcen.[79]

Informationen zu Kunststoff

Kunststoffe oder „Plastik“, wie man umgangssprachlich sagt, sind Werkstoffe aus Makromolekülen. Makromoleküle sind aus Grundbausteinen zusammengesetzt und haben eine hohe Molekülmasse. Es gibt natürliche und künstliche Makromoleküle. Die Entwicklung sowie die raschen Fortschritte der Polymerchemie lösten einen regelrechten „Kunststoffboom“ aus, mit der Folge, dass ab 1950 die Produktion und Verwendung von Kunststoffen enorm zunahm. Kunststoff wurde zu einem Massenprodukt. Eine Berechnung ergab, dass zwischen 1950 und 2015 weltweit über 8,3 Milliarden Tonnen Kunststoff hergestellt wurden, wobei die Hälfte aus den letzten 13 Jahren stammt (Geyer et al. 2017). Die Autor*innen rechnen vor, dass hiervon etwa 6,3 Milliarden Tonnen zu Abfall wurden, der zu 79 % deponiert wurde bzw. sich in der Umwelt anreichern konnte.
Kunststoffe sind flexible Werkstoffe und haben zahllose Einsatzmöglichkeiten. Es gibt deshalb verschiedene Unterteilungsmöglichkeiten, beispielsweise in die drei Großgruppen der Thermoplaste[80], Duroplaste[81] und Elastomere[82]. Nach ihrem Ursprung können makromolekulare Stoffe eingeteilt werden in (1) natürliche makromolekulare Stoffe wie Kautschuk, Cellulose oder Seide, in (2) veränderte, natürliche makromolekulare Stoffe wie Cellulosenitrat oder Leder und (3) synthetische makromolekulare Stoffe wie Nylon oder Polyethylen. Auch nach den Reaktionsarten gäbe es Einteilungsmöglich-

79 Im Sinne der Ziele 12 (Nachhaltiger Konsum und Produktion) und 14 (Leben unter Wasser), vgl. Bundesministerium für wirtschaftliche Zusammenarbeit und Entwicklung. Agenda 2030. 17 Ziele für nachhaltige Entwicklung https://www.bmz.de/de/ministerium/ziele/2030_agenda/17_ziele/index.html, siehe auch https://www.bne-portal.de/de/einstieg/was-ist-bne#paragraph-type-paragraph-section-12 (Zugriff 27.12.2019).

80 Diese Kunststoffe sind in einem bestimmten Temperaturbereich reversibel verformbar. Für weitere Informationen siehe https://de.wikipedia.org/wiki/Thermoplast (Zugriff 27.12.2019).

81 Diese Kunststoffe können nach ihrer Aushärtung nicht mehr verformt werden. Für weitere Informationen siehe https://de.wikipedia.org/wiki/Duroplaste (Zugriff 27.12.2019).

82 Diese Kunststoffe sind elastisch verformbar. Für weitere Informationen siehe https://de.wikipedia.org/wiki/Elastomer (Zugriff 27.12.2019).

keiten (Polymerisation, Polykondensation, Polyaddition). Die Liste der Kunststoffe ist entsprechend lang.[83]

90 % aller Kunststoffe gehören zu sechs Stoffgruppen: Polyethylen (PE), Polypropylen (PP), Polyvinylchlorid (PVC), Polystyrol (PS), Polyurethan (PU) und Polyethylenterephthalat (PET).[84]

Informationen zu Plastikinseln und Tims Ballon

Aufgrund der Tatsache, dass Plastik bis zu 500 Jahre erhalten bleiben kann, hat es große Chancen, über Flüsse und den Wind irgendwann im Meer zu landen. Durch menschliche Einträge sind unsere Meere heutzutage voller Plastik.

Nach Angaben des Umweltbundesamts gelangen 80 % des Plastikmülls in den Meeren vom Land aus ins Wasser.[85] Die Analyse der Plastikteile von Strandsäuberungen zeigen dabei, dass der Müll aus vielen Ländern stammt. Im Mystery wird die Herkunft des Plastiks nicht näher thematisiert. Denn es scheint zwar so, dass große Teile des weltweiten Plastikeintrags aus China, Indonesien, den Philippinen, Thailand und Vietnam stammen (wwf 2017), die entsprechenden Zahlen verschleiern jedoch, dass vor allem westliche Industrienationen ihren Plastikmüll exportieren – früher vor allem nach China, inzwischen nach Indonesien und in benachbarte Länder. *„Die Europäische Union beispielsweise exportierte laut Europäischer Umweltagentur bis 2007 mehr Plastikmüll nach Asien als innerhalb der EU – und dürfte damit für das Müllproblem im asiatischen Raum mitverantwortlich sein“* (Hammer 2015, o. S.). Genaue Zahlen über die Herkunft des Plastikmülls lassen sich also schwer nennen.

Tims Ballon ist im Mystery das reale, vorstellbare Objekt. Mit dem Wasserstrom wird der Ballon durch einen Nebenfluss des Rheins, die Sieg, getragen, dann gelangt er in den Rhein und schließlich bei Rotterdam in die Nordsee. Das Wasser der Nordsee wiederum fließt entlang der dänischen und norwegischen Küsten im Norwegischen Strom in den Atlantik, sodass es in etwa ein bis zwei Jahren komplett ausgetauscht ist. In den Ozeanen gibt es ein weltumspannendes System an Strömungen (Mast & Stockrahm 2018), die natürlicherweise an bestimmten Stellen riesige Oberflächenstrudel formen. In diesen sammeln sich Plastikteile aller Größen, die dann „Plastikinseln“ bilden. *„Die Meeresschutzorganisation Oceana nimmt an, dass weltweit stündlich 675 Tonnen Müll direkt ins Meer geworfen werden, wovon die Hälfte aus Plastik besteht.“*[86] Diese Zahlen gründen auf wissenschaftlichen Kalkulationen: *„We calculate that 275 million metrictons (MT) of plastic waste was generated in 192 coastal countries in 2010, with 4.8 to 12.7 million MT entering the ocean“* (Jambeck et al. 2015, S. 768).

An den fünf weltweiten Oberflächenstrudeln haben sich im Laufe der Jahre fünf riesige „Plastikinseln“ geformt: im Nord- und Südpazifik, im Nord- und Südatlantik und im Indischen Ozean. Das Gebiet der nordatlantischen Müllinsel liegt oberhalb der karibischen Inseln zwischen 22 und 38 Grad nördlicher Breite.

Die „Plastik*inseln*“ in den Oberflächenstrudeln sehen dabei meist nicht wie eine Insel oder ein Teppich aus, denn viele Kunststoffteilchen sind dichter und damit schwerer als Wasser und verteilen sich in den Schichten des Ozeans. Die meisten Kunststoffteilchen schweben im Wasser und sind erst beim Tauchen sichtbar. Der Plastikmüll im Meer gleicht eher einer „Plastiksuppe“ (Mast & Stockrahm 2018).

---

83 https://de.wikipedia.org/wiki/Liste_der_Kunststoffe (Zugriff 27.12.2019)
84 https://de.wikipedia.org/wiki/Kunststoff#Wichtige_Massenkunststoffe (Zugriff 27.12.2019)
85 https://www.umweltbundesamt.de/service/uba-fragen/woher-stammt-der-meeresmuell (Zugriff 27.12.2019)
86 https://eltis-online.de/?m=detail&id=42030 (Zugriff 27.12.2019)

Die Erweiterung im Mystery: Mikroplastik

Der Ballon ist nach über zwei Jahren in Fetzen zerrieben. Die Fetzen haben eine lange Reise von ca. 6.000 km hinter sich und sind nun Teil der nordatlantischen Plastikinsel.
In den Erweiterungskärtchen wird ausgehend von den Ballonfetzen auf Mikroplastik fokussiert. Über die Menge der Kunststoffteilchen liegen bislang keine sicheren Daten vor, allerdings wurden in einem Liter Arktiseis 12.000 Kunststoffteilchen gefunden (Lingenhöhl 2018). Man hat sogar festgestellt, dass diese Mikroplastikteilchen in unerwartet hoher Menge aus der Luft schneien, da Schnee diese sehr effizient aus der Luft filtert.[87]
Diese große Menge an Kunststoffteilchen kommt insbesondere durch die Zersetzung größerer Plastikteile zustande. Wenn großteiliger Plastikmüll über Flüsse oder direkt ins Meer gelangt, wird er durch Wind, Wetter und Gezeiten zermahlen und zerkleinert. Sind diese Plastikteilchen kleiner als 5 mm, so nennt man diese Mikroplastik. Mikroplastik entsteht in großem Maße auch direkt, z. B. durch Reifenabrieb im Straßenverkehr oder beim Waschen von Kunstfasern wie Fleece-Kleidungsstücken.[88] Eine Studie des Fraunhofer-Instituts hat 51 Mikroplastikquellen ermittelt und berechnet, dass in Deutschland gut vier Kilogramm Mikroplastik pro Kopf jährlich in die Umwelt freigesetzt werden. Die Menge an großen Plastikteilen, also Makroplastik, die pro Kopf in die Umwelt freigesetzt wird, beträgt dagegen „nur" etwa 1,4 Kilogramm pro Jahr.[89]

Informationen zur ökologischen Bedeutung

Das Plastik im Meer hat verschiedene Auswirkungen:

Verwechslung mit Essbarem:
Meerestiere wie Schildkröten und Seevögel verwechseln Plastik mit Essbarem und verenden dann entweder an der Verstopfung ihres Verdauungstrakts durch Plastikteile oder an Unterernährung, weil sie neben dem Plastik zu wenig Nahrhaftes aufnehmen.[90] Bereits Studien aus dem Jahr 1987 belegen diesen Umstand (Azzarello & Van Vleet 1987)!
Weiche Kunststoffe wie die, aus denen auch Tims Luftballon besteht, beispielsweise Latex, sind besonders für Seevögel lebensbedrohlich: Sie verstopfen den Verdauungstrakt wesentlich „effektiver" als härtere Kunststoffe. Das Sterberisiko für Vögel, die solche Kunststoffe verschluckt haben, ist 32-mal höher als bei härterem Plastik im Verdauungstrakt (Carsten 2019).
Verheddern im Müll:
Viele Tiere verheddern sich zudem in Plastikschnüren und Netzen und verenden dadurch (Butterworth et al. 2012). Landvögel sind durch Plastikschnüre gefährdet, die sich um ihre Beine und Füße wickeln. Auch bauen sie Plastik in ihre Nester ein, wodurch das Regenwasser nicht mehr abfließen kann – weshalb die Brut im Nest ertrinken kann.[91]
Giftige Zusatzstoffe:
Plastikmüll kann zudem giftig sein, weil sich aus dem Plastik Zusatzstoffe lösen, die toxisch auf die Lebewesen der Meere wirken. Es wurde bereits nachgewiesen, dass Fische, die im Zentrum der Plastikinseln leben, zunehmend unfruchtbar werden.[92]

87 https://www.spiegel.de/wissenschaft/natur/mikroplastik-im-schnee-konzentration-der-partikel-deutlich-hoeher-als-gedacht-a-1281976.html (Zugriff 27.12.2019)
88 https://www.umweltbundesamt.de/service/uba-fragen/was-ist-mikroplastik (Zugriff 27.12.2019)
89 https://www.forschung-und-lehre.de/forschung/fraunhofer-identifiziert-quellen-von-mikroplastik-983/ (Zugriff 27.12.2019)
90 https://www.zeit.de/wissen/umwelt/2018-07/plastik-meer-tiefsee-nordpazifik-muellstrudel-oekosystem/seite-2 (Zugriff 27.12.2019)
91 https://www.deutschlandfunknova.de/beitrag/nestbau-voegel-bauen-nester-mit-plastik (Zugriff 27.12.2019)
92 https://reset.org/knowledge/plastic-ocean-plastikinseln-im-meer (Zugriff 27.12.2019)

Außerdem lagern sich an Kunststoffteilchen giftige Verbindungen an, z. B. krebserregende Chlorverbindungen. Werden diese kontaminierten Teilchen von Meeresbewohnern verschluckt, nehmen sie auch die Schadstoffe auf (Teuten et al. 2009).

Mikroplastik überall, auch im Menschen:

Meerestiere fressen Mikroplastik (Savoca et al. 2017). Inzwischen lässt es sich aber nicht mehr nur in Fischen und Delphinen[93] nachweisen: Längst ist es in unserem Wasser zu finden, in Milch und Honig. Mikroplastik „klettert" die Trophiestufen hinauf und landet schließlich auch bei uns – inzwischen konnte man es sogar im menschlichen Kot nachweisen (Simmanck & Stockrahm 2018). Noch weiß niemand, welche gesundheitlichen Auswirkungen dieses Mikroplastik hat.

Informationen zum Mystery und zur Durchführung

Protagonist ist nicht Tim, sondern sein Ballon, der stellvertretend für jedes Stück Plastik steht, das verbraucht und nicht vernünftig recycelt wird. Anhand des Ballons wird der Weg des Plastiks ins Meer und zu den Müllstrudeln dargestellt. Bei der Durchführung des Mysterys wird dieser Weg von den Schüler*innen anhand der Kärtchen nachvollzogen. Gleichzeitig dient die punktuelle Erwähnung ökologischer Konsequenzen dazu, diesen Weg mit unserem Plastikmüll in Beziehung zu setzen. Die Erweiterungskarten zu Mikroplastik helfen dann, das komplexe Problem vertiefend zu erfassen.

Im Gegensatz zu Tim, der seinen Ballon längst vergessen hat (so ein Kärtchen im Mystery), sehen die Schüler*innen, dass auch nebensächliche Dinge wie dieser Ballon in ihrer Summe eine große Bedeutung haben können – unter Umständen auch ganz konkret, wenn sie einem Seevogel das Leben kosten. Wichtig bei der Durchführung erscheint die konsequente Bearbeitung des Arbeitsblattes bzw. die Beantwortung der Aufgaben.

Durch die gewählte Mystery-Methode erarbeiten die Schüler*innen, dass auch kleine Gegenstände eine ökologische Bedeutung haben. Ausgehend vom Mystery kann das Thema „Plastik im Meer" vertiefend bearbeitet werden, wodurch es vielleicht gelingt, das eigene Verhalten zu hinterfragen und zu verändern. Denn jedes Stück Plastik, das nicht ins Meer gelangt, ist ein Schritt zu mehr Nachhaltigkeit.

Lösungen zu den Aufgaben des Arbeitsblattes:

Die erste Frage ist individuell zu beantworten.

Die zweite Frage im Arbeitsblatt fokussiert noch einmal auf die verschiedenen Aspekte der schädlichen Folgen. Mögliche Antworten aus dem Mystery sind: giftige Zusatzstoffe im Plastik, Meerestiere verwechseln Plastik mit Essbarem und verhungern, Seevögel sterben an weichem Plastik, Mikroplastik gelangt in unseren Körper, Tiere verheddern sich im Plastik und sterben.

Die dritte Frage projiziert das Problem auf das eigene Tun. Hier können Dinge wie Müllvermeidung und sorgfältige Mülltrennung besprochen werden.

Die Recherche zur vierten Aufgabe liefert in Bezug auf „innovative Ideen zum Aufräumen der Meere" Projekte wie beispielsweise *The Ocean Cleanup*, *Seekuh*, *Seabin*, *Fishing for Litter*, *Dive against Debris* (Flatley 2018). Bei der Recherche zu Plastikalternativen findet man beispielsweise essbares Besteck, Flaschen aus Algen oder Obstnetze aus Holz.[94] Die Onlineplattform *Utopia* bietet eine Bildergalerie zur Plastikvermeidung mit fester Seife, To-go Bechern oder Trinkflaschen[95] – und natürlich liegen verpackungsfreie Läden im Trend.[96]

93 https://www.zdf.de/nachrichten/heute/meeressaeuger-mit-mikroplastik-belastet-100.html (Zugriff 27.12.2019)
94 https://www.galileo.tv/earth-nature/das-hier-sind-die-fuenf-alternativen-zu-plastik/ (Zugriff 27.12.2019)
95 https://utopia.de/galerien/plastik-nein-danke-alternativen-fuer-den-alltag/#1 (Zugriff 27.12.2019)
96 https://fooddispense.de/funf-grunde-warum-verpackungsfreies-einkaufen-zum-trend-wurde/ (Zugriff 27.12.2019)

„Wie kommt Tims Luftballon auf eine 6.000 km entfernte Insel?“

- Eure Aufgabe ist es herauszufinden, was diese Frage bedeutet.
- Eine Person aus der Gruppe nimmt eine beliebige Karte aus dem Umschlag und liest sie den anderen vor. Dann wird die Karte auf das Plakat gelegt.

Wichtig: Es wird immer nur eine Karte aus dem Umschlag genommen!

- Nacheinander werden so alle Kärtchen vorgelesen und abgelegt.
- Legt die Kärtchen zueinander, von denen ihr denkt, dass sie zusammengehören.
- Versucht, die Zusammenhänge zwischen den einzelnen Prozessen herauszufinden. Dazu könnt ihr die Kärtchen verschieben.
- Durch Pfeile und Beschriftungen sollt ihr zeigen, wie die verschiedenen Informationen miteinander in Verbindung stehen. Wenn ihr mit dem Ergebnis zufrieden seid, klebt die Kärtchen, so wie ihr sie gelegt habt, auf das Plakat.
- Beantwortet mithilfe eures Legekonstrukts folgende Aufgaben:

1. Welche Information hat dich am meisten beeindruckt?
2. Suche aus den Kärtchen alle Informationen, die die schädlichen Folgen von Plastikmüll beschreiben.
3. Überlege, was du gegen den Plastikmüll im Meer tun kannst.
4. Recherchiere zu einem der folgenden Themen:
   a) Innovative Ideen zum Aufräumen der Meere
   b) Alternativen zu Plastik.

Als Tim mit seiner Mama einkaufen geht, kommen sie an einem Geschäft vorbei, das auch Ballons verkauft. Tim will unbedingt den coolen Power-Rangers-Ballon haben. Seine Mutter kauft ihn.

Tim ist sehr stolz auf seinen Luftballon. Es macht Spaß, dass der Ballon immer nach oben will. Doch plötzlich, als Tim einen Moment nicht aufpasst, rutscht ihm der Ballon aus der Hand.

Tim macht ein fürchterliches Geschrei. Seine Mama kauft ihm zum Trost ein Eis. Der Ballon ist weg.

Der Ballon fliegt nicht weit. Er bleibt im Brombeergestrüpp am Siegufer hängen und platzt.

Tims Familie wohnt in einer Kleinstadt am Fluss Sieg, einem Zufluss des Rheins.

Eine Woche später beginnt es zu regnen. Es regnet tagelang und die Sieg schwillt an. Das reißende Wasser nimmt den Ballon mit.

Entlang der dänischen und norwegischen Küsten fließt das Wasser der Nordsee im Norwegischen Strom in den Atlantik zurück. In etwa ein bis zwei Jahren ist das Wasser der Nordsee komplett ausgetauscht.

Tim ist inzwischen sieben Jahre alt und hat seinen coolen Ballon längst vergessen.

Weil Plastik so haltbar ist und bis zu 500 Jahre erhalten bleiben kann, hat es große Chancen, über Flüsse und den Wind irgendwann im Meer zu landen.

Mit dem Wasserstrom wird Tims Ballon durch die Sieg getragen, dann in den Rhein und schließlich bei Rotterdam in die Nordsee.

Man nimmt an, dass weltweit stündlich 675 Tonnen Müll direkt ins Meer geworfen werden, wobei die Hälfte davon aus Plastik besteht.

Die Plastikinseln in den Oberflächenstrudeln sehen meist nicht wie eine Insel aus. Die meisten Kunststoffteilchen schweben im Wasser und sind erst beim Tauchen sichtbar. Der Plastikmüll im Meer gleicht eher einer „Plastiksuppe".

Nach Angaben des Umweltbundesamts gelangen 80 % des Plastikmülls in den Meeren vom Land aus in die Ozeane. Die Analyse der Plastikteile von Strandsäuberungen zeigen dabei, dass der Müll aus vielen Ländern stammt.

In den Ozeanen gibt es ein weltumspannendes System an Strömungen. Sie formen natürlicherweise an bestimmten Stellen riesige Oberflächenstrudel. In diesen sammeln sich Plastikteile aller Größen, die dann Plastikinseln bilden.

Folienballons bestehen in der Regel aus zwei Schichten. Die erste Schicht bilden zwei übereinanderliegende, miteinander verschweißte und in Form gestanzte Folien aus Polyethylen. Auf der aufgedampften Aluminiumschicht befindet sich das Motiv.

Plastikmüll kann zudem giftig sein, weil sich daraus Zusatzstoffe lösen, die giftig auf die Lebewesen der Meere wirken. Es wurde bereits nachgewiesen, dass Fische, die im Zentrum der Plastikinseln leben, zunehmend unfruchtbar werden.

Der Ballon ist nach über zwei Jahren in Fetzen. Die Fetzen haben eine lange Reise von ca. 6.000 km hinter sich und sind nun Teil der nordatlantischen Plastikinsel.

Man geht davon aus, dass sich weltweit fünf riesige Plastikinseln oder -strudel geformt haben: im Nord-und Südpazifik, im Nord- und Südatlantik und im Indischen Ozean.

Das Gebiet der nordatlantischen Müllinsel liegt oberhalb der karibischen Inseln zwischen 22 und 38 Grad nördlicher Breite.

Meerestiere wie Schildkröten und Seevögel verwechseln Plastik mit Essbarem und verenden dann entweder an der Verstopfung ihres Verdauungstrakts durch Plastikteile oder an Unterernährung, weil sie neben dem Plastik zu wenig Nahrhaftes aufnehmen.

Für Seevögel ist der tödlichste Plastikmüll die weichste Form des Kunststoffes: Luftballons oder Fetzen sind mit dem höchsten Sterberisiko für Vögel verbunden, 32-mal höher als bei härterem Plastik im Verdauungstrakt.

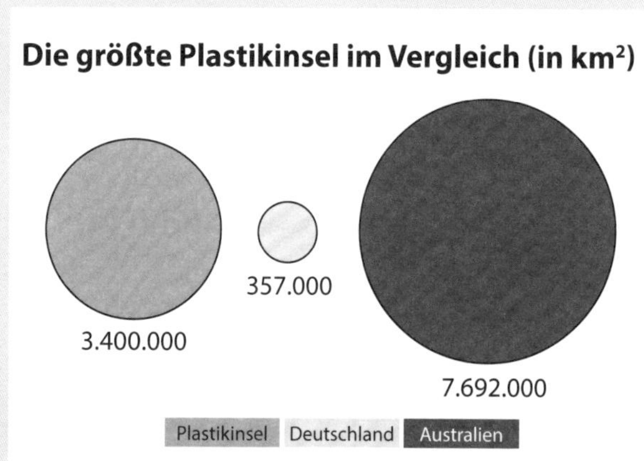

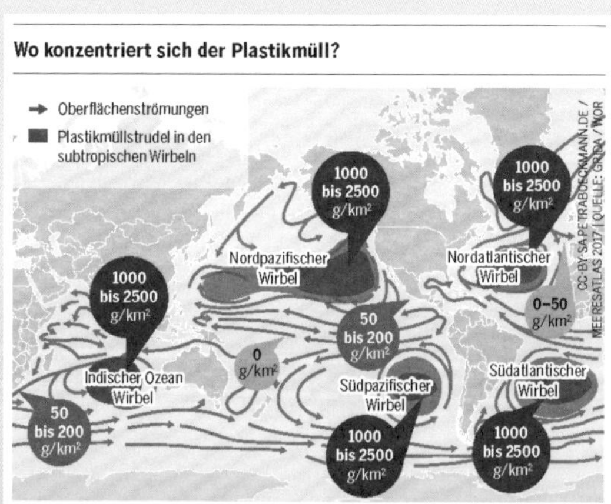

Kunststoffe oder „Plastik“, wie man umgangssprachlich sagt, sind Werkstoffe aus Makromolekülen. 90 % aller weltweit produzierten Kunststoffe sind Polyethylen (PE), Polypropylen (PP), Polyvinylchlorid (PVC), Polystyrol (PS), Polyurethan (PU) und Polyethylenterephthalat (PET).

Mikroplastik nennt man Plastikteilchen, die kleiner sind als 5 mm.

Mikroplastik entsteht aber auch direkt, z. B. durch Reifenabrieb im Straßenverkehr oder beim Waschen von Kunstfasern wie Fleece-Kleidungsstücken.

Meerestiere fressen Mikroplastik. Man kann inzwischen Mikroplastik nicht nur in Fischen nachweisen, sondern sogar im menschlichen Kot. Noch weiß niemand, welche gesundheitlichen Auswirkungen dieses Mikroplastik hat.

Die große Menge an Kunststoffteilchen im Meer kommt insbesondere durch die Zersetzung größerer Plastikteile zustande. Wenn großer Plastikmüll über Flüsse oder direkt ins Meer gelangt, wird er durch Wind, Wetter und Gezeiten zu Mikroplastik zermahlen und zerkleinert.

Viele Tiere verheddern sich zudem in Plastikschnüren und Netzen und sterben dadurch. Landvögel sind durch Plastikschnüre gefährdet, die sich um ihre Beine und Füße wickeln.

Eine Studie hat 51 Mikroplastikquellen ermittelt und berechnet, dass in Deutschland gut 4 kg Mikroplastik pro Kopf jährlich in die Umwelt freigesetzt wird. Die Menge an Makroplastik, die pro Kopf in der Umwelt freigesetzt wird, beträgt dagegen „nur“ etwa 1,4 kg pro Jahr.

Mikroplastik im Meer

Anteil verschiedener Quellen am primären Mikroplastik im Meer (Angaben in Prozent)

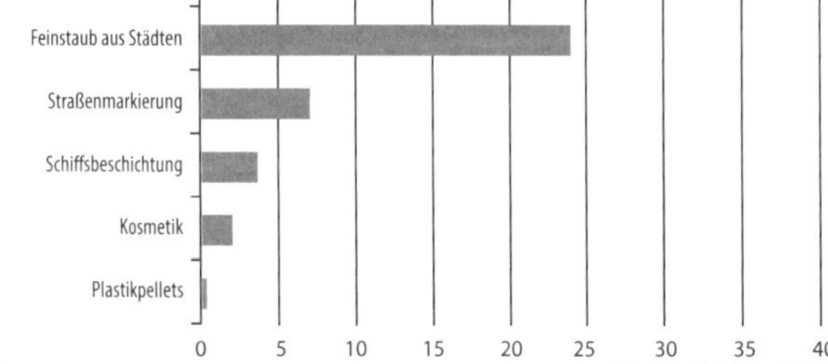

Primary Microplastics in the Ocean, IUCN 2017

9. Lena hat Glück, dass sie nicht so viel Geld hat. – Mystery zu Tierliebe, zu Tierethik und zu zweifelhaften Züchtungen bei Haustieren am Beispiel des Mopses

Julia Mülhausen und Norbert Pütz

Grundsätzliches

Wohl (fast) jede*r Schüler*in würde auf die Frage „Bist du tierlieb?" mit „Ja" antworten. Immerhin gab es in Deutschland 2018 in privaten Haushalten 34,4 Millionen Haustiere, davon 14,8 Millionen Katzen und 9,4 Millionen Hunde.[97]
Aber was bedeutet es, tierlieb zu sein?
Tierliebe kann beschrieben werden als die „menschliche Zuneigung zu (bestimmten) Tieren"[98], aber diese ist selektiv und beruht auf erlernten Traditionen (Joy 2013). Pferde beispielsweise sind heutzutage in Deutschland edle Luxustiere – waren aber früher vor allem Nutztiere und wurden letztlich auch oft gegessen.
Ein weiterer Aspekt der Tierliebe ist die Tierethik, die das Wohl von Tieren beschreibt und sich in einer Gesellschaft etwa durch Tierschutzgesetze ausdrückt. Unter Einbeziehung des Aspekts des Tierwohls kann ein Mensch, der sich als tierlieb bezeichnet, nicht nur seine Emotionen zum „Haustier" im Blick haben. Auch das Wohl des Tiers als eigenständiger Organismus muss im Fokus des tierlieben Menschen stehen. In diesem Zusammenhang greift das biologische Thema des Mysterys die Hundezüchtung auf und thematisiert Qualzüchtungen am Beispiel der Hunderasse Mops. Der Begriff „Qualzüchtung" bezeichnet die Züchtung von Tieren unter *„Duldung oder Förderung von Merkmalen, die mit Schmerzen, Leiden, Schäden oder Verhaltensstörungen für die Tiere verbunden sind"*[99]. Durch Qualzüchtungen beispielsweise leiden viele Möpse heute unter dauernder Atemnot (Stephan 2017).
Das Mystery thematisiert nicht die Mechanismen und Techniken des Züchtens, sondern die Verantwortung, die der Mensch beim Züchten auch dem Tier gegenüber hat. Ein Leben in steter Atemnot, wie es gezüchtete Möpse mit flachen Nasen haben, ist eben nicht zum Wohle des individuellen Tieres. Da schon die Tierschutzgesetze bei den Züchtern nicht konsequent angewendet werden, hat die*der Verbraucher*in durch das Kaufverhalten eine Verantwortung. Wenn entsprechende Rassen keine Käufer*innen mehr fänden, würde sich die Zahl der Nachkommen schnell reduzieren.
Der Mops ist hierbei stellvertretendes Beispiel für die Art und Weise, wie rücksichtslos und egoistisch der Mensch züchtet. Besonders Nutztiere werden auf maximale Produktivität gezüchtet. Gerade in diesem Bereich gibt es somit zahlreiche Qualzuchten. Die Zusatzkarten des Mysterys greifen diesen Aspekt thematisch auf.

Tierethik im biologischen Verständnis

Das Wohl der Tiere stellt die Eigenständigkeit des Tieres als fühlendes Wesen in den Mittelpunkt. Dieser Gedanke ist nicht so neu: Die Aussage „Quäle nie ein Tier zum Scherz, denn es fühlt wie du den

97 https://de.statista.com/statistik/daten/studie/156836/umfrage/anzahl-der-haushalte-mit-haustieren-in-deutschland-2010/ (Zugriff 27.12.2019)
98 https://de.wikipedia.org/wiki/Tierliebe (Zugriff 27.12.2019)
99 https://de.wikipedia.org/wiki/Qualzucht (Zugriff 27.12.2019)

Schmerz“ wird dem griechischen Dichter Aesop[100] zugeschrieben – um 550 vor Christus. Viele verhaltensbiologische Untersuchungen zeigen die vielgestalteten emotionalen und kognitiven Fähigkeiten von Tieren. Beispielhaft führt Reichholf (2018) aus: „*Die descartessche Maschine Pferd erwies sich als feinfühliges Lebewesen, das imstande ist, auf Stimmungen und winzige Signale der Menschen zu reagieren*“; und schreibt weiter: „*Die Ähnlichkeit der Gehirnstrukturen verbietet es, Tieren die Fähigkeit zum Denken grundsätzlich absprechen zu wollen.*“

Aus biologischer Sicht weiß man heute viel mehr über die emotionale und kognitive Leistungsfähigkeit vieler Tiere als noch vor wenigen Jahrzehnten. Unsere modernen Kenntnisse über das Bewusstsein von Tieren lässt den Unterschied zwischen verschiedenen Tierarten und dem Menschen immer geringer werden. Fortschrittliche Gesellschaften versuchen, diese Erkenntnisse umzusetzen. Als erstes Land der Erde wurde in Neuseeland per Gesetz festgelegt, dass alle Tiere Empfindungen und Gefühle wie wir Menschen haben (Nadler 2016).

Zoologische Gärten sind ebenfalls ein interessanter Indikator. Viele Zoos beispielsweise setzen zunehmend auf Gehege, die den Bedürfnissen der Tiere möglichst nahekommen – welch ein Unterschied zu den Zoogefängnissen früherer Tage.[101] Dieser moderne „Zoogedanke“ ist bei domestizierten Tieren allerdings nicht überall ausgeprägt. Nirgendwo wird das so deutlich wie bei der Massenhaltung von Tieren wie Rindern, Schweinen und Hühnern. Auf möglichst effiziente (profitabelste) Weise werden Milliarden von zu emotionalen und kognitiven Leistungen fähigen Individuen geschunden und gequält. Ein Zoo, der seine Tiere wie in der Massentierhaltung halten würde, wäre längst geschlossen und die Verantwortlichen wegen Verletzung des Tierschutzgesetzes zur Rechenschaft gezogen worden.

Haustiere wie Hunde, Katzen, Hühner, Rinder, Schafe, Schweine oder Kamele werden nur regional von Gemeinschaften geschützt und das Interesse am Tierwohl ist dann zumeist traditionell begründet, beispielsweise der in unseren Breiten beliebte Haushund. In den 17 Nachhaltigkeitszielen[102] wird ein verantwortungsvoller Umgang mit domestizierten Tieren im Grunde überhaupt nicht berücksichtigt, geschweige denn gefordert.[103]

Bei der ethischen Verantwortung des Menschen gegenüber Haus- und Nutztieren geht es daher vielleicht weniger um eine „enkel*innengerechte Zukunft“, sondern eher um ein modernes ökologisches Verständnis. Es ist an der Zeit, das Naturverständnis zu verändern, das bei vielen Menschen immer noch nicht den modernen Erkenntnissen der Biologie entspricht. Der Mensch steht nach dieser modernen Auffassung nicht mehr über der Natur, sondern er ist ein Teil der Natur, und entsprechend ausgeprägt sollte seine biologisch-ethische Einstellung sein. Nachhaltig und verantwortungsbewusst zu handeln bedeutet für einen „tierlieben“ Menschen, nicht nur seine primitiven und primären Bedürfnisse zu berücksichtigen. Hunde aus Qualzuchten sollten auch dann nicht gekauft werden, wenn sie nach modischen Vorstellungen besonders „süß“ aussehen. Auch bei Tieren aus Massenhaltung haben Verbraucher*innen eine Verantwortung. Einen kleinen Grundstein zur*zum tierethisch gebildeten Verbraucher*in legt das vorliegende Mystery. Niemand würde sich dafür *entscheiden,* ein schwer krankes Kind zu bekommen, wenn es auch gesund sein könnte. Der Hund wird gemeinhin ebenfalls als Familienmitglied betrachtet – der Schluss, auf Käufe aus Qualzuchten zu verzichten, sollte für die meisten Verbraucher*innen also naheliegen. Die Entscheidung *gegen* Eier aus Bodenhaltung stellt in dieser Erkenntniskette lediglich den nächsten Schritt dar.

---

100 https://www.aphorismen.de/zitat/25011 (Zugriff 27.12.2019)

101 vgl. die Ausführungen bei Voss (2009) oder Barthélémy & von Leszczynski (2018)

102 Bundesministerium für wirtschaftliche Zusammenarbeit und Entwicklung. Agenda 2030. 17 Ziele für nachhaltige Entwicklung https://www.bmz.de/de/ministerium/ziele/2030_agenda/17_ziele/index.html, siehe auch https://www.bne-portal.de/de/einstieg/was-ist-bne#paragraph-type-paragraph-section-12 (Zugriff 27.12.2019)

103 Vielleicht doch, wenn man das Ziel 2 unter dem Aspekt „nachhaltige Landwirtschaft fördern“ oder das Ziel 12 „Nachhaltiger Konsum und Produktion“ weit genug dehnt.

Informationen zur Züchtung von Hunderassen

Die enge Verbundenheit zwischen Wolf bzw. Hund und Mensch ist ein Beispiel für den Eingriff in die evolutionäre Entwicklung einer Art durch den Menschen. Durch diese Domestikation oder Domestizierung werden Wildtiere zu Haustieren, die wegen ihres Nutzens oder zum Vergnügen vom Menschen gezüchtet werden.
Hunde waren das erste Haustier des Menschen. Genetische Hinweise deuten eine beginnende Domestikation des Wolfs möglicherweise bereits vor 100.000 Jahren an (Vila et al. 1997). Spätestens vor 15.000 – 20.000 Jahren wurden die ersten Wölfe zu Begleitern des Menschen: „*Die Wölfe lebten in der Nähe menschlicher Siedlungen, sie warnten den Menschen, wenn sich andere Raubtiere näherten, sie begleiteten ihn auf die Jagd. Der Mensch belohnte den Wolf und gab ihm Fleisch. Es war der Beginn einer symbiotischen Beziehung, beide profitierten. Der Mensch bekam Schutz, der Wolf Futter*“ (Stephan 2017).
Heute leben weltweit schätzungsweise etwa 500 Millionen Hunde, von denen etwa drei Viertel freilebend sind (Stafford 2006). Es existieren etwa 350 Rassen, deren unterschiedliche Merkmale durch Kreuzungen gezüchtet und ausgeprägt wurden.[104] Die ersten Rassen dienten vor allem zur Unterstützung bei der Jagd, als Hirten- oder Wachhunde. Obwohl Hunde inzwischen in allen Formen und Größen existieren, lassen sie sich bis heute mit dem Wolf kreuzen. Immer wieder soll es sogar zu Kreuzungen in freier Wildbahn kommen (Bibikow 1990).
Die moderne Zucht von Haushunden begann erst Mitte des 19. Jahrhunderts. Die Kenntnisse zur Vererbung ermöglichten die gezielte Ausprägung von gewünschten Merkmalen, die sich als Züchtungen in Form sogenannter „Rassehunde“ niederschlugen. Durch das ständige Einkreuzen gleichen Genmaterials auf der Suche nach möglichst reinen Rassen werden mitunter jedoch auch genetische Defekte begünstigt.[105] In den Qualzuchten (Bartels & Wegner 1998) werden diese Defekte als „Rassemerkmale“ weiter gezüchtet. Hier pervertiert der Mensch die Evolution zum eigenen Vergnügen, denn optische Merkmale oder Verhaltensmerkmale werden gezielt nach (wechselnden) modischen Vorstellungen herausgezüchtet, wovon natürlich auch eine gewisse Gruppierung von Menschen finanziell profitiert – nicht aber das einzelne Tier.

Informationen zum Tierwohl und zur Hundeverordnung

Haustiere (sowohl die Heim- als auch die wirtschaftlich genutzten Tiere) zeichnen sich durch eine enge Sozialisation mit den Menschen aus. Damit trägt der Mensch Verantwortung für das Wohl der Tiere, die er zu seinem Nutzen gezähmt, gezüchtet und von sich abhängig gemacht hat.
Der Begriff „Tierwohl“ wird umschrieben als: „*Bezeichnung für die Gesundheit und das Wohlbefinden von Tieren, insbesondere von Nutztieren. Das Tierwohl umfasst die Aspekte körperliche Gesundheit, die Ausführbarkeit von natürlichen Verhaltensweisen (‚Normalverhalten‘) und das emotionale Wohlbefinden der Tiere.*“[106]
Während Tierwohl eine allgemeine Worthülse ist, fokussiert der Begriff „Tiergerechtigkeit“ auf die Haltung des Individuums und wird damit messbar. Die Frage, unter welchen Bedingungen ein Haustier tiergerecht gehalten wird und sich „wohlfühlt“, ist dabei nicht pauschal zu beantworten. Bei Hunden wird dies in der Tierschutzhundeverordnung geregelt.[107]

104 https://www.planet-wissen.de/natur/haustiere/hunde/index.html (Zugriff 27.12.2019)
105 https://de.wikipedia.org/wiki/Haushund (Zugriff 27.12.2019)
106 Zitiert nach https://de.wikipedia.org/wiki/Tiergerechtheit, Primärquelle: I. J. H. Duncan, D. Fraser: Understanding animalwelfare. In: M. C. Appleby, B. O. Hughes (Hrsg.): Animal Welfare.Wallingford, UK 1997, S. 19–31
107 https://www.gesetze-im-internet.de/tierschhuv/TierSchHuV.pdf (Zugriff 27.12.2019)

Die Frage, wer welche Hunde züchten kann, ist dagegen weitgehend ungeklärt. Eine Heimtierzuchtverordnung gibt es nicht: „*Die Zucht von Hunden ist in Deutschland nur eingeschränkt reglementiert. Prinzipiell kann – bis zu einem gewissen Rahmen – jedermann ohne nennenswerte behördliche Kontrolle Hunde züchten und Welpen verkaufen. Förderlich im Sinne einer Zucht gesunder Hunde ist dies aber eher nicht*" (Weidemann 2011).[108]

Informationen zur Story des Mysterys und zur Durchführung

Die Story des vorliegenden Mysterys greift unmittelbar in die Lebenswelt der Schüler*innen ein. Viele Kinder wünschen sich einen Hund als Freund und Begleiter und oft genug geht das Interesse der Kinder in Richtung „Modehunde" (Hucklenbroich 2010).

Lena wünscht sich einen Mops und hat für ihr Wunschtier inzwischen 350 € gespart. Sie muss dann feststellen, dass derartige Tiere deutlich mehr kosten. Außerdem erfährt Lena, dass Möpse oft das Produkt von Qualzuchten sind. Lena entscheidet sich schließlich für einen jungen Hund aus dem Tierheim. Damit ist Lena im doppelten Sinne „tierlieb". Einerseits hilft sie einem kleinen Hund, ein neues Zuhause zu finden (der kleine Hund hat „Glück"); andererseits kauft sie keinen Mops und unterstützt so nicht die Qualzuchten. Wenn weniger Menschen Hunde aus Qualzuchten kaufen würden, dann wären diese Züchtungen weniger lukrativ und entsprechend gäbe es mittelfristig weniger Tiere, die unter ihren Rassemerkmalen leiden.

In den Erweiterungskarten deutet das Mystery an, dass Qualzuchten nicht auf Hunderassen beschränkt sind, denn die „Nutztiere", deren Produkte ernährungstechnisch genutzt werden, sind ebenfalls oft Ergebnisse von Qualzuchten: Kühe mit Rieseneutern, die bis zu 100 l Milch pro Tag geben, Hühner, die jeden Tag ein Ei legen, Mastgeflügel, deren Brust so schwer ist, dass sie nicht mehr stehen können und ihre Beine brechen, sind nur einige Beispiele hierfür.

Das Mystery kann gut innerhalb der Unterrichtsreihe „Haustiere" und aufgrund des ethischen Inhalts dort in jeder beliebigen Phase eingesetzt werden. Es lässt sich auch in anderen nicht naturwissenschaftlichen Fächern wie z. B. Ethik einsetzen. Gleich zu Beginn, als Einstieg, würde das Mystery verdeutlichen, dass Sachinformationen notwendig sind, um beim Kauf eines Tieres eine verantwortungsbewusste Entscheidung treffen zu können. Dieser Umstand könnte als einleitende Motivation dienen, die Thematik „Haustier" anschließend zu vertiefen. Auf der anderen Seite kann das Mystery auch am Ende der Unterrichtsreihe eingesetzt werden, um explizit zu verdeutlichen, dass ein Haustier eben keinen beliebigen Kaufartikel darstellt, sondern ein fühlendes Lebewesen, bei dem man Verantwortung übernimmt.

Nach der Durchführung des Mysterys und der Besprechung der Legekonstrukte (z. B. als Galeriegang) könnte mittels einer Pro-Kontra-Liste im Plenum noch einmal zusammengestellt werden, worauf beim Kauf eines Tieres geachtet werden sollte.

Es geht darum, dass Schüler*innen ein kritisches Bewusstsein für das eigene Kaufverhalten entwickeln. Durch die gewählte Mystery-Methode erkennen die Schüler*innen, dass Produkte einen Hintergrund haben, der hinterfragt werden sollte. Produktionsbedingungen oder Inhaltsstoffe können solch ein Sachhintergrund sein. Bei lebenden Organismen ist der Fokus auf den Organismus selbst wesentlich und macht den Schüler*innen deutlich, welche Verantwortung der Kauf eines Lebewesens bedeutet. Schlussfolgerndes Denken wird damit erneut im Alltagsbezug der Schüler*innen gegenwärtig. Das eigene Verhalten wird zunehmend reflektiert und dadurch weniger emotionsorientiert.

108 vgl. auch die Ausführungen von Kopernik, U. (Pressesprecher des Verband für das Deutsche Hundewesen,VDH) in https://www.vdh.de/news/artikel/hunde-zuechten-warum-und-falls-ja-wie/ (Zugriff 27.12.2019)

Lösungen zu den Fragen der Arbeitsvorlage 1

1. Das Atmen ist für einen Mops qualvoll, da Nasenlöcher und Rachenraum stark verkleinert sind.
2. In den Qualzuchten werden bestimmte Merkmale, die für die Tiere qualvoll sind, als Zuchtmerkmale gezüchtet.
3. Man sollte Lena zu einem Hund aus dem Tierheim raten, da diese Tiere ein Zuhause brauchen und Mischlingshunde oft sehr gesund sind.
4. Das Kindchenschema hat als Merkmale z. B. große Augen und einen runden Kopf. Das trifft bei Menschen auf Babys zu. Auch Spielpuppen haben oft ein Kindchenschema.
5. Tierlieb bedeutet, dass man bei allen Tieren auf deren Wohl achtet.
6. Die Frage nach Beispielen, bei welcher Gelegenheit ein*e Schüler*in tierlieb ist, ist natürlich individuell. Besonders interessant wären Antworten, die die Thematik des Mysterys aufgreifen, z. B.: „Wir haben einen Hund aus dem Tierheim."

„Zum Glück hat Lena nicht so viel Geld."

- Eure Aufgabe ist es herauszufinden, was diese Aussage bedeutet.
- Eine Person aus der Gruppe nimmt eine beliebige Karte aus dem Umschlag und liest sie den anderen vor. Dann wird die Karte auf das Plakat gelegt.

Wichtig: Es wird immer nur eine Karte aus dem Umschlag genommen!

- Nacheinander werden so alle Kärtchen vorgelesen und abgelegt.
- Legt die Kärtchen zueinander, von denen ihr denkt, dass sie zusammengehören.
- Versucht, die Zusammenhänge zwischen den einzelnen Prozessen herauszufinden. Dazu könnt ihr die Kärtchen verschieben.
- Durch Pfeile und Beschriftungen sollt ihr zeigen, wie die verschiedenen Informationen miteinander in Verbindung stehen. Wenn ihr mit dem Ergebnis zufrieden seid, klebt die Kärtchen, so wie ihr sie gelegt habt, auf das Plakat.
- Beantwortet mithilfe eures Legekonstrukts folgende Fragen:

  1. Warum ist das Atmen für einen Mops qualvoll?
  2. Warum spricht man von Qualzucht?
  3. Warum würdest du Lena zu einem Hund aus dem Tierheim raten?
  4. Gibt es das Kindchenschema auch bei Menschen?

- Nehmt die Zusatzkarten und baut sie in das Legekonstrukt ein. Beantwortet folgende Fragen.

  5. Was bedeutet „tierlieb"?
  6. Bist du tierlieb? Suche nach Beispielen, wo deine Tierliebe gut zu erkennen ist.

Typische Erscheinungen der Qualzucht bei kurzköpfigen Hunden sind Atemprobleme bis hin zu Erstickungsanfällen beim Schlafen. Im Extremfall fallen Tiere aufgrund von Atemnot um und verlieren das Bewusstsein. Außerdem treten Probleme beim Fressen auf. Weil die Augen hervorstehen, können die Hunde sich daran verletzen.

Die Vermittlungsgebühr für einen Hund aus dem Tierheim beträgt zwischen 150 und 350 Euro. Sie deckt einen Teil der Kosten für Kastrieren, Impfen, Futter etc. und sorgt dafür, dass Menschen sich nicht zu leichtfertig einen Hund holen.

Fünf Millionen Hunde – in fast 9 % aller Haushalte in Deutschland leben Hunde, wobei man diese Zahlen nur schätzen kann, weil nicht alle Hunde angemeldet sind. Sie belegen hinter den Katzen Platz 2 als beliebteste Haustiere.

Vor mehr als 2.000 Jahren wurde der Mops in China aus doggenähnlichen Hunden gezüchtet. Besitzen durften Möpse zu jener Zeit nur die Mitglieder der kaiserlichen Familie.

Tiere der Mopsrasse müssen häufig operiert werden, weil die Nasenlöcher und der Rachenraum stark verkleinert sind. Bei der Operation werden die Gaumensegel freigeschnitten, um das Atmen zu ermöglichen. Außerdem werden die Nasenlöcher vergrößert.

Der Mops entspricht mit seinem runden Kopf, der kurzen Schnauze, den großen Augen und den abgerundeten Ohren dem Kindchenschema, das bei Menschen einen Beschützerinstinkt auslöst.

Mein Name ist Lili.

Mystery 9/Kärtchen 9. © Aulis Verlag in Friedrich Verlag GmbH, 2020

Lenas Onkel kennt sich mit Hunden aus. Er erklärt ihr, dass Möpse sehr unter Atemnot leiden. „Wenn du tierlieb bist, dann such einen Hund, der gesund ist, aber kein Zuhause hat. Lass uns mal ins Tierheim fahren“, sagt er zu Lena.

Mystery 9/Kärtchen 10. © Aulis Verlag in Friedrich Verlag GmbH, 2020

Etwa 31 % der Hunde in deutschen Haushalten sind Mischlinge. Der Rest sind Rassehunde.

Mystery 9/Kärtchen 11. © Aulis Verlag in Friedrich Verlag GmbH, 2020

Ein Mops kostet in der Anschaffung zwischen 600 und 1.000 Euro. Die Hunde werden intensiv gezüchtet, weil sie sehr beliebt sind und ordentlich Geld bringen. Der Mops als Modehund bedeutet: viele Tiere, die sich mit Atemnot quälen.

Mystery 9/Kärtchen 12. © Aulis Verlag in Friedrich Verlag GmbH, 2020

Das Kindchenschema mit rundem Kopf und großen Augen bei verschiedenen Tieren.

Mystery 9/Kärtchen 13. © Aulis Verlag in Friedrich Verlag GmbH, 2020

Die Operation am Gaumensegel kostet etwa 650 Euro und muss nicht selten wiederholt werden, weil das Gewebe wieder wuchert und wieder weggeschnitten werden muss.

Mystery 9/Kärtchen 14/Kärtchen 1. © Aulis Verlag in Friedrich Verlag GmbH, 2020

Endlich hat Lena es geschafft: Ihre Eltern haben gesagt, dass sie einen Hund haben darf. Sie hat versprochen, dass sie sich um ihn kümmert. Lena möchte unbedingt einen Mops. Die sind so süß!

Mystery 9/Kärtchen 15. © Aulis Verlag in Friedrich Verlag GmbH, 2020

Im Idealfall hat ein Mops keine Atemprobleme, weil die Nase nicht zu kurz gezüchtet ist. Heute gibt es den sogenannten Retromops mit längerer Nase, was erreicht wird, indem eine andere Rasse eingezüchtet wird.

Mystery 9/Kärtchen 16. © Aulis Verlag in Friedrich Verlag GmbH, 2020

Bei Qualzuchten werden Merkmale in ein Tier hineingezüchtet, ohne dass darauf geachtet wird, dass diese das Tier letztlich quälen. Typische Beispiele für Hunderassen aus Qualzuchten sind die Französische Bulldogge mit ihrer extremen Kurzköpfigkeit, der Schäferhund, der Hüftprobleme bekommt, und eben auch der Mops.

ein Mops, dessen Nase durch Züchtung sehr kurz ist

Lena verliebt sich direkt in einen kleinen wirbeligen Mischlingshund. Sie heißt Lili. Lenas Onkel spricht mit den Mitarbeiterinnen im Tierheim und sie machen aus, dass Lenas Eltern am nächsten Tag mitkommen, um sich Lili anzusehen.

Lena hat ganz viele Sachen im Mopsdesign. Ein Turnbeutel und eine Tasse gehören auch dazu.

Das ist Lena.

Lena ist zwölf Jahre alt. Sie liebt Tiere und wünscht sich schon seit acht Jahren einen Hund.

Im Tierheim sind so viele Tiere! Es ist schrecklich zu sehen, wie sie in Zwingern stecken. Lena ist jetzt froh, dass sie einem von ihnen helfen kann, obwohl sie am liebsten allen helfen würde.

Lena hat seit Jahren ihr Weihnachts- und Geburtstagsgeld gespart. Sie hat etwa 350 Euro. Davon will sie einen Hund kaufen. So viel Geld muss doch wohl reichen?

„Tierliebe“ ist die menschliche Zuneigung zu Tieren. Hunde- und Katzenbesitzer und -besitzerinnen bezeichnen sich gern als tierlieb, weil sie „ihr“ Tier mögen.

Tierliebe sollte über das Haustier hinausgehen und allgemein auf das Wohl von Tieren gerichtet sein.

Wenn man sich ein Tier wie einen Mops anschafft, dann ermutigt man Züchter, weitere solche Tiere zu züchten.

Tiere, die man persönlich kennt, hat man häufig lieb. Wenn man aber keinen Bezug zu ihnen hat, macht man sich keine Gedanken um sie. Die überwiegende Zahl von Tieren in Deutschland kennt niemand, da sie in Ställen leben und der Herstellung von Nahrungsmitteln dienen. Sie fühlen aber genauso wie die anderen.

Im Deutschen Tierschutzgesetz ist im Paragrafen 11b geregelt, dass Tiere nur so gezüchtet werden dürfen, dass sie nicht an den Zuchtmerkmalen leiden. Hunde werden vielfach insbesondere in Hinblick auf Aussehen gezüchtet, unter dem die Tiere dann leiden. Leider wird das Tierschutzgesetz nicht konsequent angewandt.

Hundebesitzerinnen und -besitzer haben Verantwortung für das Tier. Dazu gehört, Qualzuchten nicht zu kaufen – aber auch, keine Produkte zu essen, die aus Qualzuchten stammen.

Gerade in der Massentierhaltung gibt es viele Qualzüchtungen, um die Produktion zu verbessern. So legen Zuchthühner nicht 15 – 20 Eier pro Jahr wie ihre Vorfahren, sondern 300!

Auch Milchkühe sind inzwischen „Hochleistungstiere“. Früher gaben Kühe 5 – 10 l Milch am Tag, heute sind es bis zu 100 l. Die großen Euter schränken die Tiere in ihrer Bewegung ein und schmerzen aufgrund des riesigen Gewichts im gefüllten Zustand.

10. Bruno ist ein Leckerli, bei uns isst Bruno ein Leckerli! – Zum Umgang mit Haus- und Nutztieren oder die Grenze zwischen diesen Kategorien

Markus Böggemann

Grundsätzliches

Das Verzehren von Lebewesen ist ein Grundbedürfnis für den Menschen. Ob es sich dabei um pflanzliche oder tierische Kost bzw. beides handelt, ist eine Frage der Einstellung. Pflanzen laufen nicht weg und wehren sich meistens auch nicht, daher werden sie von vielen Menschen, insbesondere Kindern, nicht als Lebewesen wahrgenommen. Das Konsumieren von Tieren dagegen berührt etwas Tiefsitzendes (Foer 2010) und hat etwas mit unserem persönlichen Verständnis zu tun, wie wir uns zum Rest der Welt verhalten und inwieweit wir uns als Teil der Fauna verstehen. Essen ist nicht rational, sondern es ist Kultur, Gewohnheit und Identität (ebd.) und damit je nach unserer Herkunftsregion höchst unterschiedlich.

Mysterys beinhalten oftmals eine Geschichte. Diese muss nicht zusammenhängend sein, sondern kann sich aus verschiedenen Facetten oder Blickwinkeln zusammenfügen. Bei diesem Mystery ist es aber anders: Fakten werden blitzlichtartig präsentiert, die teilweise noch nicht einmal spezifiziert werden. Durch diesen ständigen Perspektivwechsel sollen die kognitiven Fähigkeiten der Schüler*innen im Besonderen angeregt werden. Des Weiteren taucht zwar zur Emotionalisierung der Thematik in der Leitaussage der Name „Bruno" auf, aber auf keinem der Kärtchen findet eine entsprechende Charakterisierung statt. Hintergedanke ist dabei, dass die Schüler*innen unterschiedliche Positionen beziehen können und auch sollen, insbesondere wenn sie aus unterschiedlichen Kulturkreisen stammen. Spätestens mit den Zusatzkärtchen sollten eventuell vorhandene, scheinbar eindeutige Sichtweisen ins Wanken gebracht werden. Hier sind unter anderem Polarisierung, Paradigmenwechsel und Notfallsituationen thematisiert.

Informationen zum Inhalt

Die Kernfrage ist: Was sind überhaupt Haus- bzw. Nutztiere und wie kommt es zu dieser anthropologischen Einteilung? Eigentlich sollten alle Lebewesen gleich wertgeschätzt werden, aber in den Köpfen der allermeisten Menschen findet eine Trennung statt, beispielsweise in klein/groß, wild/zahm, süß/eklig, essbar/nicht essbar. Diese Kategorisierungen sind nicht angeboren, sondern meist durch Traditionen erlernt. So werden in unserer heutigen europäischen Kultur überwiegend Kühe, Schweine und Hühner als Nutztiere deklariert, während Katzen und Hunde als Haustiere gehalten werden. Kaninchen weichen die Grenzen bereits auf; in unseren Breiten mögen sie für einige Nutztiere sein, für viele andere sind sie Haustiere. In anderen Kulturkreisen ist die Zuordnung deutlicher, in die eine oder andere Richtung. Eine Einteilung der verschiedenen Tiere ist somit flexibel, sowohl in historischer als auch regionaler Hinsicht. So stand Hundefleisch in einigen Regionen Europas noch vor wenigen Jahrzehnten auf dem Speiseplan und gilt in manchen Gebieten der Schweiz auch heute noch als Delikatesse (Oeser 2004). Bei uns in Deutschland ist die Hundeschlachtung zur Fleischgewinnung erst seit 1986 durch die Änderung des Fleischbeschaugesetzes verboten, der Verzehr derartiger Produkte war aber schon lange vorher tabuisiert. Wer heutzutage dagegen verstößt, wird verachtet und als „Barbar"

oder „Hinterwäldler“ bezeichnet. Bekanntlich isst man Hunde ja in China,[109] aber auch in anderen asiatischen Ländern sowie in Teilen Afrikas stehen Hundegerichte auf dem Speiseplan (Akintola 2016, Morlok & Margenfeld 2017). Für sportliche Großereignisse wie die Fußball-WM oder Olympia werden diese traditionellen Gerichte oft auf Druck der westlichen Zivilisation von den Straßen verbannt (Kunz 2002, Saletan 2002).
Aber – wieso eigentlich? Weswegen haben wir in unserem Kulturkreis oft eine enge, emotionale Verbindung zu Hunden, während Schweine als Schlachtvieh angesehen werden? Foer (2010) fragt daher auch, mit welcher Berechtigung Hunde verschont, dafür aber andere Tiere gegessen werden? Oder wie Joy (2013) es so treffend tituliert hat: „*Warum wir Hunde lieben, Schweine essen und Kühe anziehen*“. Ist diese Trennung in irgendeiner Art und Weise biologisch begründbar? Ernährungstechnische Vergleichsuntersuchungen zwischen Hunde- und Schweinefleisch liegen nicht vor, aber da wir Haustiere verwöhnen, verhätscheln und häufig auserlesen ernähren, dürften sie eine hochwertigere Kost abgeben als unsere Nutztiere, die oftmals von Inadäquatem leben müssen,[110] ganz zu schweigen von den Lebensbedingungen als gequälte Massenware.
Zur Beantwortung obiger Fragen bzw. zur persönlichen Meinungsbildung (als Diskussionsgrundlage für Arbeitsvorlage 3) finden sich hier Steckbriefe zu den beiden Hauptakteur*innen dieses Mysterys.

Steckbrief: Der Haushund

Allgemeines: Der Haushund ist ein Haustier und wird als Heim- und Nutztier gehalten. Seine wilde Stammform ist der Wolf, dem er als Unterart zugeordnet wird. Durch Züchtungen sind derzeit etwa 350 verschiedene Rassen unterscheidbar, von denen einige als Qualzuchten gelten (vgl. das Mystery in Kap. 9). Wann die Domestizierung stattfand, ist umstritten; wissenschaftliche Schätzungen variieren zwischen 15.000 und 100.000 Jahren vor unserer Zeit. Das typische Raubtiergebiss inklusive Brechschere hat 42 Zähne, deren Stellung aber bei den einzelnen Hunderassen sehr variabel ist. Im Laufe seines Zusammenlebens mit dem Menschen hat sich der Hund zunehmend an dessen Ernährung angepasst und wurde zum Allesfresser. Fleisch als alleiniges Futtermittel ist für Hunde daher unangemessen.
Fortpflanzung: Der Eintritt der Geschlechtsreife wird beim weiblichen Hund durch die erste Läufigkeit gekennzeichnet, die im Alter von sieben bis vierzehn Monaten auftritt. Rüden erlangen ihre Zeugungsfähigkeit in etwa dem gleichen Alter. Die durchschnittliche Trächtigkeitsdauer der Hündin beläuft sich auf 63 bis 65 Tage, die Anzahl der Welpen pro Wurf schwankt je nach Rasse zwischen drei und zwölf Tieren.
Sozialisation: Die Sozialisierung eines Hundes vollzieht sich vor allem zwischen der dritten und zwölften Lebenswoche. Grundlage ist die Ausreifung der Sinnesorgane und die Entwicklung motorischer Fähigkeiten. Die Sozialisation mit Artgenossen findet dabei mit drei bis acht Wochen etwas früher statt als die mit Menschen (fünfte bis zwölfte Woche). In dieser Zeit lernen Hunde neue Verhaltensweisen und entwickeln für ausgewachsene Tiere typische Bewegungen sowie Nahrungsaufnahme-, Kot- und Harnabsatzverhalten. Sie lernen die arteigene Körpersprache, zeigen spielerisches Bellen und Beißen, erlernen die Beißhemmung und das Lesen der menschlichen Körpersprache. Die Entwicklung jedes Hundes wird überwiegend von seiner Sozialisation und Erziehung bestimmt. Sozialisationsprozesse, die in den ersten 14 Lebenswochen nicht stattfinden, können nicht vollständig nachgeholt werden. Ein Hund ohne Sozialisation bis zur 14. Lebenswoche ist praktisch weder erziehbar noch trainierbar. Mit der Sozialisierungsphase ist der Erwerb sozialer Fähigkeiten jedoch nicht abgeschlossen und sie werden auch nur durch lebenslange soziale Interaktionen aufrechterhalten.

109 So lautet jedenfalls der Titel einer dänischen Komödie: https://de.wikipedia.org/wiki/ In_China_essen_sie_Hunde (Zugriff 27.12.2019).
110 https://www.knaq-sh.de/aktuell/news/2017/seestern-beifang-und-seeringelwurm-als-futtermittelrohstoffe-zugelassen.html (Zugriff 27.12.2019)

Haltung: In Deutschland ist die Haltung steuerpflichtig und wird meist durch eine Steuermarke (Hundemarke) nachgewiesen. Zur Kennzeichnung und Registrierung können Tätowierungen oder Implantationschips verwenden werden. Die Tierschutz-Hundeverordnung regelt die Mindestbedingungen für Räume, Zwinger und Leinenhaltung. In manchen Bundesländern wird ein Hundeführerschein verlangt und für Listenhunde („Kampfhunde“) gelten teilweise besondere Regelungen.
Lebenserwartung: Große Hunde altern schneller als kleine Hunde, weshalb kleine Hunde grundsätzlich eine höhere Lebenserwartung als große Hunde haben. So können Rassen wie der Dackel ein Alter von bis zu 15 Jahren erreichen, in Ausnahmefällen gar 20 Jahre. Größere, schwere Rassen wie etwa die Deutsche Dogge werden kaum älter als neun Jahre.
Nutzung: Hunde dienen meist als Haustiere, sind aber auch als Gebrauchshunde, z. B. Polizeihunde, Blindenführhunde, Rettungshunde, Therapiehunde, Jagdhunde, Hirtenhunde, Wachhunde, „Sportgeräte“, Zugtiere oder als Versuchstiere im Einsatz. Nach ihrem Tod finden sie beispielsweise in Form von Hundeleder Verwendung, ihre Haare werden als Textilfasern, Fett und Knochen als Arzneimittel und das Fleisch in der Gastronomie genutzt.
Fleisch: Hundefleisch hat eine rosa Färbung. Es liegt geschmacklich zwischen Rind und Wildbret. Beliebt ist die Kombination mit Sesam. Die Möglichkeiten der Zubereitung sind vielfältig: Es kann gekocht, gebraten, gegrillt oder frittiert werden; in Vietnam werden auch Würste aus Hundeinnereien hergestellt. Im Rahmen der traditionellen chinesischen Ernährungslehre gilt Hundefleisch als „wärmend“. Es wird daher in China und Vietnam zumeist im Winter gegessen und beispielsweise als scharfes Fondue (Feuertopf) zubereitet. In Korea hingegen wird das bekannteste Hundegericht, der Eintopf „Poshintang“, als Sommergericht und nützlich gegen die Hitze angesehen.

Steckbrief: Das Hausschwein

Allgemeines: Das Hausschwein ist die domestizierte Form des Wildschweins und bildet mit ihm eine gemeinsame Art. Durch Züchtungen sind ca. 100 Rassen unterscheidbar, von denen nur wenige in den Mastställen als Gebrauchskreuzungen (Hybridschweine) Verwendung finden. Die Rüsselträger werden seit vermutlich 9.000 Jahren zur Fleischerzeugung gehalten. Das Paarhufergebiss hat 44 Zähne, deren im Querschnitt dreieckigen Oberkiefereckzähne nach oben und außen gebogen sind. Schweine sind Allesfresser, die sowohl tierische als auch pflanzliche Nahrung zu sich nehmen.
Fortpflanzung: Geschlechtsreife erlangen Sauen wie Eber mit etwa sechs bis neun Monaten. Die durchschnittliche Trächtigkeitsdauer beläuft sich auf 110 bis 114 Tage, die Anzahl der Ferkel pro Wurf schwankt je nach Rasse zwischen zwei und acht Tieren.
Sozialisation: Schweine haben ein ausgeprägtes und differenziertes Sozialverhalten. Einzig die Haltung in Kleingruppen ist artgerecht und deshalb unbedingt notwendig. Sie leben in kleinen, dauerhaften Mutterfamiliengruppen, die sich nur für die Zeit des Abferkelns auflösen. Sau und Ferkel leben in den ersten Wochen nach der Geburt eng zusammen. Diese innige Beziehung ist für die Entwicklung der Ferkel von großer Bedeutung. Eber sind Einzelgänger und halten sich nur während der Paarungszeit bei den Rotten auf. Das Zusammenleben der Schweine wird durch eine Rangordnung geregelt. Ist diese durch Rangkämpfe einmal festgelegt, bleibt sie sehr stabil. Auseinandersetzungen finden dann in der Regel nur um begrenzte Ressourcen statt. Spiel- und Erkundungsverhalten sind eng miteinander verbunden. Besonders Ferkel rennen gern schnell und im Kreis, raufen, hüpfen hoch, schlagen Haken, schubsen oder reiten auf. Aber auch bei älteren Tieren ist spielerisches Verhalten zu beobachten.
Haltung: In Deutschland sind Schweine gemäß der Viehverkehrsordnung vom Tierhalter mit einer offenen Ohrmarke dauerhaft zu kennzeichnen, diese enthält eine Herkunftsangabe sowie eine individuelle Registrierungsnummer. Die Tierschutz-Nutztierhaltungsverordnung regelt die Mindestbedingungen für Schweine haltende Betriebe. Je nach Nutzungsart (Mastschwein, Zuchtläufer, Saugferkel etc.) gelten zusätzliche Mindestanforderungen. Kleinbetriebe mit weniger als zehn Sauen unterliegen Sonderregelungen.

Lebenserwartung: Schweine können theoretisch acht bis zwölf Jahre alt werden. In der Nutztierhaltung werden sie aber nur sechs bis zehn Monate alt bzw. etwa 100 kg schwer, da die Tiere dann ihre Schlachtreife erreicht haben.
Nutzung: Schweine dienen vor allem als Fleischlieferant. Auch Knochen sowie Innereien werden zur Herstellung von Nahrung für Mensch und Haustiere verwendet. Des Weiteren werden sie für andere Produkte, wie Kosmetika, Medikamente, Seife, Shampoo, Waschpulver, Zahnpasta oder Zigaretten genutzt. Für die Lederproduktion wird die Haut kaum noch genutzt, jedoch dienen die Borstenhaare zur Herstellung von Bürsten oder Pinseln. Darüber hinaus werden die Knochen im Kunsthandwerk verwendet und gemahlen als Dünger eingesetzt. Letzteres gilt auch für Kot und Urin beim noch lebenden Tier. Ansonsten dienen sie als Labor- und Versuchstiere sowie als Gebrauchsschweine, beispielsweise zu Therapiezwecken oder zur Trüffelsuche. In jüngster Zeit werden Minischweine als Haustiere immer beliebter. Im frischtoten Zustand sollen Teile von genetisch veränderten Schweinen auch vermehrt in der Organspende Verwendung finden (Xenotransplantation).
Fleisch: Schweinefleisch zeichnet sich durch einen würzigen und pikanten Geschmack aus. Es muss frisch sein, sollte eine kräftig rosarote Farbe haben und mit Fett marmoriert, d.h. von Fettadern durchzogen, sein. Die Möglichkeiten der Zubereitung sind vielfältig: Es kann gekocht, gebraten, gegrillt oder frittiert werden; auch Würste aus Innereien werden hergestellt. Im Rahmen der traditionellen chinesischen Ernährungslehre hat Schweinefleisch eine neutrale thermische Wirkung, baut aber das „Qi", die Lebensenergie, auf.

Zur Durchführung

Haus- und Nutztierhaltung wird bereits in den Schuljahrgängen 5/6 thematisiert. Trotzdem ist dieses Mystery mehr für die 7./8. Klasse konzipiert, da hier im Rahmen der Themen Nahrung und Ökologie komplexe ökologische, ökonomische und soziale Aspekte miteinander verknüpft werden. Die übergeordnete kritische Auseinandersetzung mit naturwissenschaftlichen und ethischen Fragestellungen lässt aber auch die 9./10. Klasse als Zielgruppe zu, hier können Entwicklung, Genetik und die naturwissenschaftliche Sicht als Rahmenthemen dienen. Auch Kombinationen mit anderen Fächern wären möglich, wie beispielsweise Religion bzw. Werte und Normen oder im Hinblick auf eine nachhaltige Entwicklung mit Erdkunde oder Wirtschaft.
Das vorliegende Mystery beinhaltet ein komplexes Thema und es sollten zwei bis drei Unterrichtsstunden eingeplant werden. Schon das Mystery selbst ist mit 32 Kärtchen recht umfangreich, sodass zur Herstellung eines Legekonstrukts mindestens 45 Minuten einzuplanen sind. Entgegen der klassischen Binnendifferenzierung kann die Anzahl an Kärtchen auch abhängig von der Jahrgangsstufe variiert werden: Für die 5./6. Klasse sollten die Nummern 1 – 24 verwendet werden, die sich überwiegend mit dem Haus-/Nutztier-Aspekt bzw. seiner Grenze befassen. Bei der 7./8. Klasse kommen zusätzlich die Karten 25 bis 32 zum Einsatz, bei denen die Akteur*innen mehr im Hinblick auf Ernährung betrachtet werden. Die sechs Zusatzkarten (33 bis 38) sind insbesondere für die 9./10. Klasse konzipiert, da hier übergreifende Ansichten zu Wertschätzung, Nachhaltigkeit und Tierethik Berücksichtigung finden.
Als Einstieg genügen das Vorstellen der Leitaussage und das Sammeln der Vermutungen.
Die Zusatzkarten eröffnen weitere Perspektiven und sollten daher von allen Gruppen genutzt werden, damit bei der anschließenden Besprechung der Legekonstrukte (z. B. als Galeriegang oder in Form einer Präsentation der Plakate) möglichst unterschiedliche Sichtweisen auftreten.
Bei den beiden zusätzlichen Arbeitsvorlagen handelt es sich um vertiefende biologische und ethische Aspekte für höhere Jahrgangsstufen, die sich bei Bedarf in nachfolgenden Stunden oder in Kombination mit anderen Fächern thematisieren lassen. Hierfür sind jedoch meist weiterführende Internetrecherchen nötig, deren Durchführung im Vorfeld entsprechend organisiert werden müsste.

Lösungen zur Arbeitsvorlage 1

1. Bruno ist der Name für ein Schwein bzw. einen Hund. Der Name wird zwar in der Leitaussage erwähnt, kommt ansonsten im Mystery jedoch nicht vor.
2. Die Sichtweisen ergeben sich aus drei Kategorien: Hund oder Schwein, Haustier oder Nutztier, China oder Deutschland.
3. Es gibt KEINE biologische oder ernährungstechnische Erklärung dafür, dass wir in Deutschland Schweine essen, aber keine Hunde.
4. Die Einteilung zwischen Haus- und Nutztieren ist meist traditionell bedingt.

„Bruno ist ein Leckerli, bei uns isst Bruno ein Leckerli!“

[Bei Klasse 7/8 oder 9/10: Notiert **vor dem Start** auf einem verdeckten Zettel, ob ihr Fleisch esst oder nicht und wenn ja, von welchen Tieren!]

- Eure Aufgabe ist es herauszufinden, was diese Aussage bedeuten könnte.
- Eine Person aus der Gruppe nimmt eine beliebige Karte aus dem Umschlag und liest sie den anderen vor. Dann wird die Karte auf das Plakat gelegt.

Wichtig: Es wird immer nur eine Karte aus dem Umschlag genommen!

- Nacheinander werden so alle Kärtchen vorgelesen und abgelegt.
- Legt die Kärtchen zueinander, von denen ihr denkt, dass sie zusammengehören.
- Versucht, die Zusammenhänge zwischen den einzelnen Prozessen herauszufinden. Dazu könnt ihr die Kärtchen verschieben.
- Durch Pfeile und Beschriftungen sollt ihr zeigen, wie die verschiedenen Informationen miteinander in Verbindung stehen. Wenn ihr mit dem Ergebnis zufrieden seid, klebt die Kärtchen, so wie ihr sie gelegt habt, auf das Plakat.
- Beantwortet mithilfe eures Legekonstrukts folgende Fragen:

  1. Wer oder was ist Bruno?
  2. Gibt es hier vielleicht auch unterschiedliche Sichtweisen?
  3. Gibt es eine biologische oder ernährungstechnische Erklärung dafür, wieso wir in Deutschland Schweine essen, aber keine Hunde?
  4. Wie kommt es zu einer Einteilung in Haus- und Nutztieren?
  5. Bei Klasse 7/8 oder 9/10: Zeigt in der Gruppe euren vor dem Start angefertigten Zettel. Steht ihr immer noch dazu? Verteidigt eure Sichtweise.

„Bruno ist ein Leckerli, bei uns isst Bruno ein Leckerli!"

- Laut Wikipedia argumentieren Hundefleischkritiker damit, *dass Hunde als Fleischlieferanten eine Ausnahme bilden: Das Fleisch von landlebenden Beutegreifern, hier von Raubtieren, werde so gut wie nie als Nahrung verwendet. Auch Wölfe würden üblicherweise nicht verzehrt. Hundefleisch sei außerdem nicht wirtschaftlich, da Hunde wie alle Raubtiere sehr hochwertige Nahrung benötigen. Zu beachten sei auch, dass Beutegreifer in der Nahrungskette weit oben stehen, also Schadstoffe im Fleisch sich sehr leicht anreichern.*

- Sowohl im jüdischen als auch im islamischen Speisegesetz gilt Schweinefleisch als unrein und darf nicht gegessen werden. Als Ursprung des Verbotes ist vorstellbar, dass das Schwein wegen seiner Eigenart als Allesfresser, der auch vor Kadavern nicht haltmacht, verbunden mit den ortsüblichen Begräbnissitten (nur in Leichentüchern und ohne Sarg) als Leichenfresser in Verruf kam, sodass Menschen, die Schweinefleisch aßen, sich des indirekten Kannibalismus schuldig machen konnten. Weiterhin wird vermutet, dass das Schwein wegen der zunehmenden Entwaldung des Vorderen Orients immer mehr zum Nahrungskonkurrenten des Menschen wurde, da es nicht wie die Wiederkäuer von Gras leben kann und zudem viel mehr Wasser und Schatten benötigt als diese.

- Für Hindus gilt das Schweinefleischverbot mit Ausnahme der unteren Kasten.

- Paulus (Bibel, Altes Testament): *„Wer Fleisch isst, tut es zur Ehre des Herrn; denn er dankt Gott dabei. Wer kein Fleisch isst, unterlässt es zur Ehre des Herrn, und auch er dankt Gott.* [...] *Auf Jesus, unseren Herrn, gründet sich meine feste Überzeugung, dass an sich nichts unrein ist; unrein ist es nur für den, der es als unrein betrachtet."*

- Informiert euch im Internet über weitere Ansichten zu Hunden oder Schweinen in den Tierschutz- bzw. Nutztierverordnungen (www.gesetze-im-internet.de unter „Gesetze/Verordnungen" – „Teilliste T" – „Tier …") und ob/wann dagegen „verstoßen" werden darf.

- Organisiert eine Aussprache, beispielsweise in Form einer Diskussionsrunde.

„Bruno ist ein Leckerli, bei uns isst Bruno ein Leckerli!"

„‚Smellme' ist ein Salon für Hunde und gilt als neuester Schrei in Chinas boomender Haustierwirtschaft. Reichen Chinesen ist für die Rundumpflege ihrer Lieblinge nichts zu teuer. Im luxuriösen Parterrebereich [= Erdgeschoss], *wo schwanzwedelnde Kleinsthunde für vierstellige Euro-Beträge gleich mitgenommen werden können, hängt eine Fotogalerie prominenter Stammkunden mit ihren Vierbeinern auf dem Arm. Sie können ihre Hunde auch für ein paar Stunden oder sogar Tage im Smellme-Hotel abgeben, wenn sie in Ruhe einkaufen wollen oder auf Dienstreise gehen.*
China hat ein ganz besonderes Verhältnis zu Hunden. Die Bevölkerung lässt sich in zwei sich feindlich gegenüberstehende Lager einteilen. Eine wachsende Mehrheit von Hundefans in Einkindfamilien, Rentnerhaushalten und aus dem Mittelstand lieben ihre vierbeinigen Gefährten über alles. Ihnen gegenüber steht aber ein nicht unbeträchtlicher Anteil der Bevölkerung, der Hunde im wahrsten Sinne des Wortes nur zum Essen gern hat.
Trotz wütender Proteste von Tierschutzverbänden und Aufrufen in den sozialen Netzwerken sind die ‚Liebhaber des duftenden Fleisches' (Xiangrou), wie Hundefleisch genannt wird, derzeit wieder nach Yulin unterwegs. In der 2400 Kilometer von Peking entfernten Provinz Guangxi im Südwesten Chinas findet das umstrittene ‚Lycheefrüchte- und Hundefleisch-Festival' statt. Yulins Behörden verteidigten die alljährliche Hundeschlachtung und das Gelage als Pflicht zur ‚Erhaltung von alten Gebräuchen'."
(Erling 2017, o. S.)

- Recherchiert dazu im Internet. Falls nötig könnt ihr noch weitere Kärtchen anfertigen und euer Legekonstrukt damit erweitern.

- Veranstaltet eine Podiumsdiskussion über die extremen Sichtweisen in China. Gibt es dazu Parallelen in Deutschland? Verwendet hierfür auch die beigefügten Steckbriefe zum Haushund und dem Hausschwein, um eure verschiedenen „Experten" entsprechend zu schulen.

Benennung Hund

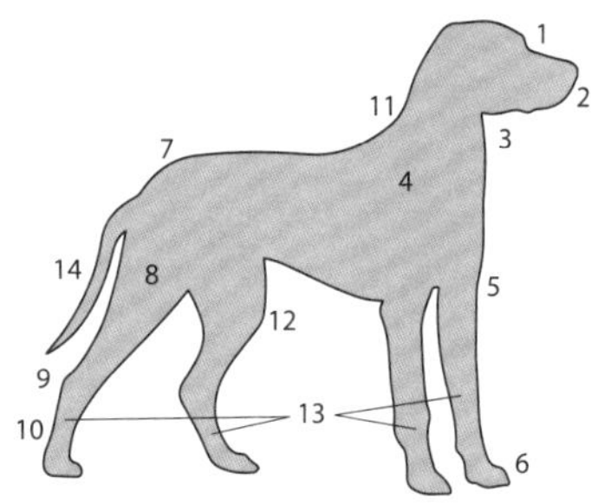

1 Stop (Absatz zwischen Stirn und Nase)
2 Fang (Maul, Schnauze mit Lefzen)
3 Wamme (Kehle, Kehlhaut)
4 Schulter
5 Ellbogengelenk
6 Vorderfuß
7 Kruppe (Hinterteil, dort höchster Punkt)
8 Keule (Oberschenkel und Hüftgelenk)
9 Sprunggelenk (Hinterfußwurzelgelenk)
10 Hinterfuß
11 Widerrist (höchster Punkt der Schulter)
12 Kniegelenk
13 Läufe (Beine mit Pfoten)
14 Rute (Schwanz)

Benennung Schwein

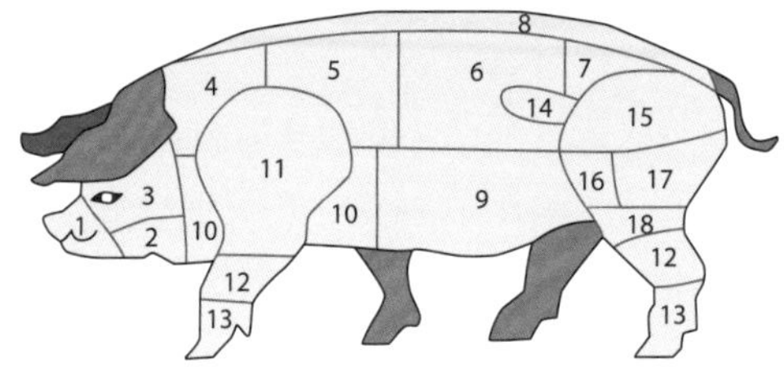

1 Rüssel	7 Schlussbraten	13 Haxe
2 Göderl	8 Rückenspeck	14 Filet
3 Kopf	9 Bauchfleisch	15 Hüfte, Schinkenspeck
4 Nacken, Kamm, Schopfbraten	10 Brust, Dicke Rippe	16 Kugel, Nuss, Blume
5 Langes Karree	11 Schulter, Bug	17 Oberschale
6 Kurzes Karree	12 Stelze	18 Unterschale

Hunde haben zwar ein typisches Raubtiergebiss, sind aber durch das Zusammenleben mit dem Menschen zum Allesfresser geworden.

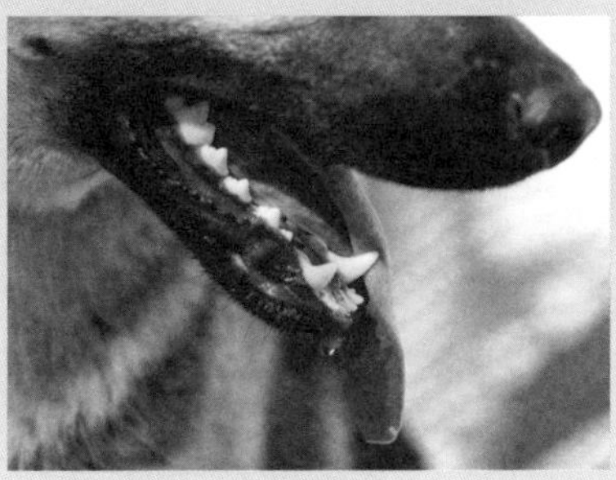

Für Hunde und Schweine sind Schokolade und Zwiebeln mehr oder weniger giftig. Gleiches gilt für Weintrauben und Rosinen bei Hunden, wohingegen diese bei Schweinen als Leckereien gelten. Rohes Fleisch birgt für beide die Gefahr von Virusinfektionen (u. a. Pseudotollwut, Schweinepest).

Ein Hund kann höhere Frequenzen wahrnehmen als ein Mensch, in der Dämmerung besser sehen, hat eine sehr viel empfindlichere Nase und besitzt sogar einen Magnetsinn.

Schweine haben einen gut ausgeprägten Hörsinn. Der Geschmackssinn ist noch besser entwickelt als der menschliche. Der Tastsinn im Rüssel ist hervorragend. Ihr Geruchssinn soll dem eines Hundes sogar überlegen sein.

Das Spektrum der bekannten Hundeerkrankungen ist überaus breit und in seiner Vielfalt mit Erkrankungen des Menschen durchaus vergleichbar.

Viele Schweinerassen können ähnliche Herz-Kreislauf-Krankheiten entwickeln wie der Mensch. Sie werden deshalb auch als Labor- und Versuchstiere gehalten. Auch Fleisch und Fettgewebe sind sehr ähnlich, daher werden z. B. Stich- und Schussverletzungen in der Gerichtsmedizin an frisch geschlachteten Schweinen nachgestellt.

In Deutschland werden über neun Millionen Hunde gehalten und dieses meistens als Einzeltiere.

Schweine suhlen gern im „Dreck" (in feuchtem Schlamm). Diese angeborene Verhaltensweise dient der Reinigung, schützt vor Sonnenbrand und senkt die Körpertemperatur bei hohen Temperaturen, denn Schweine können nicht schwitzen.

Für die Trüffelsuche verwendet man heutzutage speziell abgerichtete Hunde. Diese sind im Unterholz beweglicher als Schweine, weniger zerstörerisch beim Ausgraben und ihnen können die Trüffel einfach abgenommen werden.

Schweine halten ihren Liegebereich – wenn möglich – sauber, denn sie haben eine starke Abneigung gegen eigene Exkremente. Kot und Harn werden nur außerhalb und an den Reviergrenzen zur Markierung abgesetzt.

Kupieren von Ohren und Schwanz bei Hunden sind in Deutschland seit 1987 bzw. 1998 verboten, bei Schweinen ist die Amputation der Ringelschwanzspitze ohne Betäubung gängige Praxis.

Minischweine werden als Haustiere immer beliebter. Sie sind sehr klug, stinken nicht. Sie lernen sogar Befehle wie „Sitz" und „Platz".

In China war die Hundehaltung bis 1992 in Städten verboten. Im Iran wird zurzeit ein Verbot der Hundehaltung mit Ausnahme der Nutzhunde diskutiert, da diese religiös als unrein gelten. Die Strafe soll 74 Peitschenhiebe bzw. eine Geldstrafe sein.

Untersuchungen haben ergeben, dass Schweine mit einem Joystick im Maul an einem Monitor Erkennungsaufgaben sehr gut lösen können und sogar Gebrauch von Spiegeln machen. Man geht davon aus, dass ihre Intelligenz durchaus mit denen von Menschenaffen vergleichbar ist.

Weil Menschen bestimmte Merkmale schön finden, wurden Hunderassen gezüchtet, die teilweise mit schweren Krankheiten wie Lähmungen, Hüftproblemen oder Atemnot zu kämpfen haben. Diese können durch Medikamente oder Operationen behandelt werden, führen aber oft zu einem verfrühten Tod.

Heutigen Hausschweinen wurden im Vergleich zum Wildschwein vier zusätzliche Rippenpaare angezüchtet, um die Anzahl der Koteletts zu erhöhen.

Wölfe leben in Rudeln, bei Haushunden sind die Halterinnen und Halter ihre Familie und damit ihr Rudel. Wildschweine sowie Hausschweine leben eigentlich in Rotten, daher kann der Mensch die richtigen Artgenossen niemals ersetzen.

Laut deutscher Tierschutzverordnung muss einem Hund mit einer Widerristhöhe über 65 cm bei Zwingerhaltung mindestens 10 m^2 Bodenfläche zur Verfügung stehen. Für ein entsprechendes Mastschwein sind dies 0,5 bis 1,0 m^2, bei Sauen bis 2,5 m^2 und Zuchtebern ab zwei Jahren 6 m^2.

Hausschweine sind auch als Retter bekannt: Pru befreite seine Halterin aus einem Sumpf. Spammy veranlasste mit seinen Schreien, dass die Feuerwehr seinen Freund Spot, ein Kalb, aus einem brennenden Stall rettete. Tunia verjagte einen Eindringling. Mona hielt das Bein eines fliehenden Verdächtigen so lange fest, bis die Polizei eintraf.

Deutsche Redensarten: *auf den Hund gekommen, Hundeleben, Hundejahre, Hundewetter, hundsgemein, krummer Hund, Hundsfott, hundsmiserabel, scharfer Hund, schlafende Hunde wecken, Schweinehund, innerer Schweinehund* etc.

Deutsche Redensarten: *Schwein gehabt, saudumm, saugut, saunett, schweinekalt, Schweinefraß, Ferkelei, fettes Schwein, armes Schwein, Schweinepriester, Glücksschwein, Schweinerei, Schweineigel, blutet wie ein Schwein, ich glaub, mein Schwein pfeift, Schweinehund, innerer Schweinehund* etc.

Laut Morgenpost.de (2018) werden in China pro Jahr mehr als zehn Millionen Hunde gegessen.

Bundesweit gibt es 22.900 Betriebe, die im Schnitt jeweils 1.175 Schweine halten. Mit ca. 27 Millionen Tieren pro Jahr steht Deutschland an weltweit dritter Stelle nach China und der USA bei der Schweinefleischerzeugung.

Der Verzehr von Hunde- sowie Schweinefleisch ist nach islamischen und jüdischen Speisegesetzen nicht erlaubt.

Schweinefleisch wird weltweit am liebsten verzehrt. In Deutschland sind es über 35 kg pro Person im Jahr, während es in China etwa 30 kg sind.

Hundefleisch (süß-sauer):
250 g Nudeln, 500 g Fleisch, 5 EL Sojasauce, 2 Frühlingszwiebeln, 3 Sterne Anis, 1 Stk. Ingwer, 3–4 Chilis, 50 g Schweineschmalz, 3 EL Reiswein, 2 EL Zucker, ½ l Hühnerbrühe, Sesamöl

Schweinefleisch (süß-sauer):
250 g Nudeln, 500 g Fleisch, 5 EL Sojasauce, 1 Eiweiß, 3 EL Speisestärke, 1 Zwiebel, 2 Knoblauchzehen, 1 Stk. Ingwer, 1 Paprika, 2 Möhren, 250 g Ananas, 2 EL Sherry, 3 EL Tomatenketchup, 3 EL Weißweinessig, 3 EL brauner Zucker, ¼ l Öl

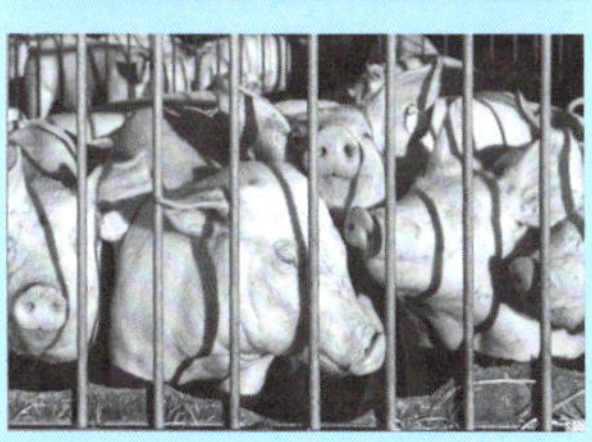

Deutsche Tierische Lebensmittel-Hygieneverordnung (2010): *„Es ist verboten, Fleisch von Hunden, Katzen, anderen hundeartigen und katzenartigen Tieren sowie von Affen zum Zwecke des menschlichen Verzehrs zu gewinnen oder in den Verkehr zu bringen.“* In der Schweiz sind Gewinnung und Verzehr für den Eigengebrauch noch zulässig.

Brigitte Bardot bezeichnet es als „barbarische Unsitte". Eingesperrt in engen Zwingern werden Hunde gemästet wie Gänse und zum Schluss mit Knüppeln zu Tode geschlagen, was den Adrenalinausstoß erhöht und damit das Fleisch möglichst zart macht.

Roald Amundsen nutzte seine Schlittenhunde auf der Südpolexpedition (1910 – 1912) nicht nur als Zugtiere, sondern auch als Proviant. Auch Notsituationen einzelner Personen oder Gruppen führten zur Nutzung von Hunden als Nahrung.

Astrid Lindgren: Ferkelchen & Michel Folge 11: Als Michel einen Freund gewann (1976)

„span": Säugetiere, die noch am Span, der Zitze, saugen (spänen)

„In Deutschland sah ich Menschen, die ihrem Hund einen Mantel anziehen und zum Einkaufen mitnehmen. Es gibt Hotels für Hunde, deren Besitzer verreist sind. Hunde werden von den Menschen gestreichelt, Welpen werden geknuddelt wie menschliche Babys. Ich fand es abscheulich." Akutuh Obahlama (Tourist aus Sambia)

Schlagzeile im The Chintzy Herald (2016): Erste deutsche Hundeschlachterei eröffnet!
Elend (Harz) – In Elend eröffnete gestern die erste Hundeschlachterei Deutschlands. *„Wir sind für den ersten Tag sehr zufrieden, denn wir konnten schon ein Drittel mehr Hunde zu Fleisch verarbeiten, als wir erwartet hatten."*

11. Er oder sie? – Mystery zur Geschlechtergerechtigkeit

Julia Mülhausen und Norbert Pütz

Grundsätzliches

Der biologische Zweck von Sexualität besteht darin, durch Fortpflanzungstypen (Geschlechter) die Erbinformationen neu zu kombinieren. Im Laufe der evolutionären Entwicklung entstanden viele Verhaltensweisen und Interaktionen von Lebewesen in Bezug auf ihr Geschlecht.[111] Im Rahmen eines ökologisch-biologischen Verständnisses der Arten unseres Planeten nimmt Sexualität eine zentrale Stellung ein.
Bei der Sexualität unserer Art, dem Menschen, kommen prägende soziale, gesellschaftliche und kulturelle Faktoren zu den bekannten biologischen Funktionen hinzu.[112] Hierdurch ist Sexualität auch im Rahmen ethischer Überlegungen von Bedeutung und somit als „Geschlechtergleichheit" das fünfte der 17 Ziele für nachhaltige Entwicklung. Es liegt auf der Hand, im Biologieunterricht Nachhaltigkeit im Sinne von Geschlechtergerechtigkeit auch im Themenbereich Sexualität anzusprechen.
Das vorliegende Mystery verknüpft verschiedenste Aspekte der Sexualität in ungewöhnlichen Kombinationen miteinander, mit dem Ziel, Schüler*innen einen Überblick über die biologische Vielfalt im Bereich Sexualität zu vermitteln. Die Kenntnis hierüber führt letztlich zum anzustrebenden Verhalten – Toleranz zu zeigen für Menschen, deren Sexualität anders ausgerichtet ist als die eigene.

Sexuelles Verhalten oder sexuelle Orientierung

Bei höher entwickelten Organismen hat Sexualität nicht nur die Funktion des Austauschs von Erbinformationen, sondern zudem eine soziale Bedeutung. Bei Menschen beeinflussen Sexualität und Sexualmoral die persönliche Entwicklung und die Formen des Zusammenlebens.[112]
Die sexuelle Orientierung ist auf das fremde Geschlecht (Heterosexualität) oder auf das eigene Geschlecht gerichtet (Homosexualität). Bisexuelle Menschen richten ihr Interesse auf das gleiche *und* auf das andere Geschlecht. Die sexuelle Orientierung ist auf die potenziellen Partner*innen gerichtet und damit nur ein Teil der „sexuellen Identität". Diese ist mehr als nur eine Orientierung, denn Identität zielt auf das Individuum, also wie sich die Person selbst sieht.[113]
Sexualität und gesellschaftliche Akzeptanz unterliegen dabei einer steten Veränderung (Schmidt 2014), sodass sich die Grenzen von legitimen oder als schädlich eingeschätzten Verhaltensweisen historisch und interkulturell verschieben. Sexuelle „Andersartigkeit" wird auch heute noch in vielen Teilen der Welt bestraft, beispielsweise Homosexualität: *„In contrast, in much of Africa, the Middle East, the Caribbean, Oceania, and parts of Asia, homosexual behavior remains illegal and severely punishable, with some countries retaining the death penalty for it"* (Bailey et al. 2016, S. 45).
Die Entwicklung sexueller Orientierung bzw. Identität ist zumindest teilweise Gegenstand der Entwicklungspsychologie. Diese geht davon aus, dass sich Sexualität bis und in der Pubertät manifestiert. Allerdings gilt inzwischen als wahrscheinlich, dass zumindest Anteile dieser Präferenzen genetisch festgelegt sind (Bailey et al. 2016, S. 65, S. 69 f.). *„Zahlreiche Indizien sprechen dafür, dass gleichgeschlechtliche Neigungen zu einem gewissen Teil erblich sind"* (Kehse & Witte 2015). Eine in *Science* veröffentlichte, umfangreiche Studie kommt zu dem Schluss: *„Same-sex sexual behavior is influenced by*

111 https://de.wikipedia.org/wiki/Sexualit%C3%A4t (Zugriff 28.12.2019)
112 https://de.wikipedia.org/wiki/Sexualit%C3%A4t_des_Menschen (Zugriff 28.12.2019)
113 https://de.wikipedia.org/wiki/Sexuelle_Identit%C3%A4t (Zugriff 28.12.2019)

not one or a few genes but many" (Ganna et al. 2019). Insgesamt wird nach derzeitigem Kenntnisstand davon ausgegangen, dass die Entwicklung des Sexualverhaltens sehr komplex ist und „*die Erblichkeit homosexuellen Verhaltens im Durchschnitt etwa 30 Prozent beträgt*" (Schadwinkel 2019).
Eines aber gilt als gesichert: „*Homosexualität gehört zur natürlichen sexuellen Orientierung und bedarf keiner Therapie – so die eindeutige Stellungnahme des Weltärztebundes*" (Mahler 2014, S.111).

Intersexualität

Die Vorstellung, dass die Entwicklung des Geschlechts bzw. der Geschlechtsorgane des Menschen insbesondere durch die Geschlechtschromosomen geregelt wird (XX oder XY), ist spätestens seit dem Humangenomprojekt obsolet: „*The idea of two sexes is simplistic. Biologists now think there is a wider spectrum than that*" (Ainsworth 2015, S. 288). Inzwischen geht man bei der Geschlechtsentwicklung des Menschen nicht mehr von der Dominanz des Chromosoms aus, sondern es werden komplexe Modelle beschrieben, die auf unterschiedlichen Ebenen zusammenwirken und bei der biologischen Geschlechtsentwicklung von Bedeutung sind (Voss 2011). Neben Chromosomen und Genen sind dies beispielsweise die Regulation der Gene, die Hormone, die Rezeptoren für diverse Hormone, die Keimdrüsen sowie der Genitaltrakt selbst. Für die Ausprägung der Geschlechter bei Mäusen sind vermutlich über 1.000 Gene von relevanter Bedeutung – die wenigstens davon liegen auf den Geschlechtschromosomen. Voss (2016) bringt es auf den Punkt: „*Kurz gesagt: ‚Gene' und DNS sagen eben nicht die Entwicklung eines Organismus beziehungsweise hier eines ‚Genitaltraktes' voraus. Vielmehr stellen sie lediglich einen Faktor im komplexen Zusammenspiel von Faktoren der Zelle dar.*"
Das Geschlecht des Menschen ist also nicht binär – männlich oder weiblich –, sondern ein Kontinuum mit einer großen Breite an Zwischenformen. Ainsworth (2015) unterscheidet beispielsweise neben typisch männlich und weiblich mehrere Übergangsgruppen sowie drei intersexuelle, also zwischengeschlechtliche Gruppen. Bei diesen intersexuellen Menschen „*stimmen die äußeren Geschlechtsmerkmale, die hormonalen und/oder gonadalen Anlagen nicht oder nicht völlig mit dem chromosomalen Geschlecht überein*" (Rosen 2009, S. 22). In der Medizin spricht man von „DSD" (Differences of sex development[114]: Varianten der Geschlechtsentwicklung).[115]
Die Anzahl intersexueller Menschen ist nicht eindeutig beziffert. Etwa eines von 4.500 Neugeborenen ist vermutlich körperlich nicht eindeutig als Junge oder Mädchen einzuordnen. Insgesamt nennen Schätzungen für Deutschland 80.000 bis 120.000 intersexuelle Menschen, wobei es bis zu 4.000 individuell-körperliche Varianten geben könnte (Kühne 2019). Früher verwendete Begriffe wie „Scheinzwitter" oder „echte" Zwitter (Hermaphroditen) für intersexuelle Menschen bilden daher nur wenige intersexuelle Varianten ab und greifen daher deutlich zu kurz.[116]
Zwar besteht in Deutschland seit Dezember 2018 die Möglichkeit, im Personenstandsregister als Geschlechtseintrag „divers" eintragen zu lassen, davon hatten bis Mai jedoch lediglich 150 Personen Gebrauch gemacht.[117] Vielleicht schrecken Intersexuelle aus Angst vor Diskriminierung davor zurück, sich formal registrieren zu lassen (Rohwedder 2019). Im deutschen Reisepass muss allerdings grundsätzlich das Geschlecht vermerkt werden. Für diversgeschlechtliche Personen ist laut EU-Verordnung der Eintrag „X" vorgesehen.[118]

---

114 https://www.ethikrat.org/themen/gesellschaft-und-recht/intersexualitaet/ (Zugriff 28.12.2019)

115 Der Bundesverband intersexueller Menschen e.V. erläutert auf der Homepage, dass der Begriff DSD 2005 als „Disorders" (Störung) definiert wurde. Inzwischen wird meist „Differenzes" (Varianten) verwendet. Vgl: http://www.im-ev.de/intersexualitaet/ (Zugriff 28.12.2019).

116 https://de.wikipedia.org/wiki/Intersexualit%C3%A4t#Intersexualit%C3%A4t_%E2%80%93_Begriffe_und_Syndrome (Zugriff 28.12.2019)

117 https://www.aerzteblatt.de/nachrichten/102938/Zahl-der-Menschen-mit-drittem-Geschlecht-geringer-als-angenommen (Zugriff 28.12.2019)

118 https://de.wikipedia.org/wiki/Divers#cite_note-7 (Zugriff 28.12.2019)

Wenn auch inzwischen gesellschaftlich weitestgehend akzeptiert, war (und ist) Intersexualität für die Betroffenen oft sehr qualvoll. Allzu häufig wurden früher intersexuelle Menschen durch operative Eingriffe in das binäre Sexualitätsschema der Gesellschaft gepresst. Exemplarisch für die vielen Einzelschicksale sei der Bericht einer Person namens Maxi Bauermeister empfohlen.[119] Auf der letzten Seite ist dort zu lesen: *„Bauermeister handhabt seine Uneindeutigkeit so offen wie möglich. Er geht zum Beispiel sehr gerne in die Sauna. ‚Dort benutze ich die weibliche Umkleide, da blicken die Leute oft irritiert und sagen: Hier sind Sie falsch, junger Mann. Ich stehe mittlerweile über solchen Kommentaren. Ich sage dann: Wenn ich mich nackt ausziehe, sehe ich aus wie eine Frau. Ich bin weder Mann noch Frau. Für mich gibt es keine Umkleidekabine. Sagen Sie mir, wohin ich gehen soll.‘ Inzwischen nimmt er sogar Broschüren vom Verein mit und gibt sie aus."*

Diese mangelnde Eindeutigkeit betrifft dabei nicht nur die Zugehörigkeit zu Räumlichkeiten wie Sauna oder Toiletten, sondern auch den Sprachgebrauch. Namen kann man ändern, so wie aus Maximiliane Maxi wurde. Aber ist ein intersexueller Mensch ein „Er" oder eine „Sie"? Weder noch, und hier sind beispielsweise die Schweden wegbereitend, denn sie haben mit dem geschlechtsneutralen Pronomen „hen" eine Möglichkeit geschaffen.[120] Dieses „hen" war ohnehin schon im Sprachgebrauch verankert und kommt zum Einsatz, wenn das Geschlecht egal oder unbekannt ist – jetzt eben auch als Personalpronomen. „Hen" ergänzt in Schweden zukünftig „han" (er) und „hon" (sie) *„als Bezeichnung für eine Person, die weder eindeutig männlich noch weiblich ist"*.[121]

Zur Verdeutlichung, dass die binäre Geschlechterzuordnung veraltet und diskriminierend ist, bedient sich dieses Mystery-Buch des „Genderstars"[122], um der Geschlechtervielfalt auch sprachlich Raum zu geben. Diese Methode der geschlechtergerechten Sprache setzt zwischen dem Wortstamm und der grammatikalischen Endung einen Stern. Auch Pronomen und Artikel werden mit Sternchen gegendert („jede*r Lehrer*in"). Der Stern symbolisiert den Raum zwischen den Polen „Er" und „Sie" und steht stellvertretend für „alles dazwischen". Die Schreibweise mag ungewohnt oder auch störend beim Lesen sein, ist aber aus naturwissenschaftlicher Sicht ein wichtiges Signal dafür, dass die „binäre Geschlechterordnung" obsolet ist.

Transsexualität

Transsexualität beschreibt keine sexuelle Orientierung oder ein bestimmtes sexuelles Verhalten, sondern meint, dass sich die Personen nicht mit ihrem biologischen Geschlecht identifizieren, sondern den starken Wunsch verspüren, körperlich wie sozial als das andere Geschlecht zu leben (Kühne 2015). Viele Betroffene bevorzugen daher den Begriff „Transidentität" oder „Transgeschlechtlichkeit". Oftmals wird diesem Wunsch durch hormonelle Behandlung oder operative Eingriffe Rechnung getragen. Transsexuelle bezeichnen dies als eine Geschlechtsanpassung.

Transsexualität ist zu unterscheiden vom „Transvestitismus". Transvestiten tragen die Kleidung des anderen Geschlechts, unabhängig davon, ob sie homo- oder heterosexuell sind (ein Synonym ist Cross-Dressing).[123] Drags (dressed as a girl/guy) überzeichnen ihre Rolle aus künstlerischen, humoristischen oder politischen Gründen z. B. Conchita Wurst, dem Sieger des 59. Eurovision Song Contests in Kopenhagen 2014.[124]

---

119 Hallo, ich bin die dritte Option. https://www.zeit.de/zeit-magazin/leben/2018-01/intersexualitaet-geschlecht-intergeschlechtlichkeit-identitaet/ (Zugriff 28.12.2019)

120 https://www.faz.net/aktuell/gesellschaft/hen-schweden-fuehrt-geschlechtsneutrales-pronomen-ein-13539757.html (Zugriff 28.12.2019)

121 https://www.spiegel.de/lebenundlernen/schule/schule-schweden-neues-geschlechtsneutrales-personalpronomen-a-1025479.html (Zugriff 28.12.2019)

122 https://de.wikipedia.org/wiki/Gendersternchen (Zugriff 28.12.2019)

123 https://de.wikipedia.org/wiki/Transvestitismus (Zugriff 28.12.2019)

124 https://de.wikipedia.org/wiki/Conchita_Wurst (Zugriff 28.12.2019)

Der Übergang zur Travestie ist fließend. Letzteres meint die schauspielerische Darstellung von Personen im Theater durch ein anderes Geschlecht.
Über die Ursachen der Transsexualität ist nach wie vor wenig bekannt (Kühne 2015). Lange wurden psychische Ursachen oder soziokulturelle Hintergründe vermutet, obwohl es nicht gelang, ein allgemeingültiges Modell aufzustellen.[125] Inzwischen mehren sich die medizinischen Hinweise auf eine angeborene Disposition. Als Sonderform der Intersexualität können Sexualhormone während der pränatalen Entwicklung verantwortlich sein.[125]
Auch wenn es immer wieder Anfeindungen gibt, wächst das gesellschaftliche Verständnis, beispielsweise im geschlechtertoleranten Thailand (Schulz 2019). Auch in Deutschland gibt es Fortschritte: So ist seit 2011 eine Personenstandsänderung transsexueller Menschen auch ohne geschlechtsangleichende Operationen möglich. Benötigt wird allerdings ein Gutachten zur Geschlechtsidentität (Kühne 2015).

Das Geschlecht im Tierreich

Neben der genetischen Geschlechtsdetermination kann diese im Tierreich auch modifikatorisch sein. Zudem existieren Hermaphroditen, Konsekutivzwitter, Homosexualität sowie Transsexualität. Zahlreich und unterschiedlich fallen schließlich die Rollenverständnisse von „männlich" und „weiblich" aus.
Die anthropogene Sicht einer binären Geschlechtsvorstellung (Mann – Frau) greift aus biologischer Sicht viel zu kurz (vgl. Bailey et al. 2016). Aus der Vielfalt der Möglichkeiten werden an dieser Stelle bzw. im Mystery einige Beispiele exemplarisch genannt.

- Unter modifikatorischer Geschlechtsdetermination versteht man, dass das Geschlecht abhängig ist von äußeren Faktoren. So schlüpfen aus Krokodileiern Weibchen, wenn diese bei Temperaturen unter 30 Grad Celsius lagern, Männchen entstehen bei einer Eilagerung von mehr als 34 Grad Celsius, und bei Temperaturen zwischen 30 und 34 Grad Celsius schlüpfen Krokodile beiderlei Geschlechts.[126]
- Homosexualität: „*same-sex interactions involving genital contact have been reported in hundreds of animal species*" (Bailey et al. 2016). Andere Quellen sprechen von 1.500 Arten,[127] ob Giraffe, Elefant oder Tintenfisch. Oft ist dieses Konzept bei Herdentieren erfolgreich, es wird Fressen geteilt und Jungtiere werden gemeinsam aufgezogen.[127] So ist Homosexualität beispielsweise unter Enten relativ weit verbreitet. Bis zu 5 % dieser Art sind homosexuell. Die so ausgerichteten Tiere werden von ihren Artgenossen nicht nur akzeptiert, ihre differenten Eigenschaften werden sogar aktiv genutzt: „*Alleinstehende Weibchen legen ihre Eier in die Nester von Homo-Paaren*" (Fischer 2010), die geschickter in der Erziehung sind als die heterosexuellen.
- Bisexuelles Verhalten: Der Zwergschimpanse oder Bonobo ist einer der nächsten Verwandten des Menschen. Sex wird von Bonobos eingesetzt zum Vergnügen, zur Festigung sozialer Bindungen und zur Streitschlichtung. Dabei sind die meisten Individuen bisexuell: „*Gleichgeschlechtliche Bonobopaare wurden schon beim Küssen und beim Oralsex beobachtet und dabei, wie sie die Geschlechtsteile des anderen massierten*" (Brändlin 2017).
- Intersexualität: Die eindeutige Zuordnung einzelner Individuen ist bei manchen Tieren generell unmöglich. Landlungenschnecken oder Regenwürmer sind Zwitter (echte Hermaphroditen), d. h., jedes Individuum hat die Organe beider Geschlechter, die auch funktionsfähig sind. Bei der Paarung befruchten sich die Tiere gegenseitig.[128] Es gibt aber auch Berichte über andere Zwischen-

125 https://de.wikipedia.org/wiki/Transsexualit%C3%A4t (Zugriff 28.12.2019)
126 https://de.wikipedia.org/wiki/Temperaturabh%C3%A4ngige_Geschlechtsdetermination (Zugriff 28.12.2019)
127 https://www.geo.de/natur/tierwelt/13372-rtkl-homosexualitaet-im-tierreich (Zugriff 28.12.2019)
128 https://www.peta.de/intersexualitaet-zwitter (Zugriff 28.12.2019)

formen. Im Sauerland wurde vor einigen Jahren ein Intersex-Reh entdeckt. Das Tier trug vorne ein Geweih wie ein Bock, aber das Hinterteil hatte ein typisch weibliches Haarbüschel. Das Tier hatte den Chromosomensatz XX, statt einer Vagina befand sich unter der Schürze ein verkürzter Penis. Genetiker konnten bei diesem Tier eine genetische Mutation als Ursache feststellen.[129]

- Transsexualität: Der Clownfisch (Trauerband-Anemonenfisch) lebt als Gruppe mit einem Weibchen und mehreren Männchen zusammen. Stirbt das Weibchen, so wechselt das größte Männchen sein Geschlecht und wird zum Weibchen.[130] Das Individuum trägt also die Gene beider Geschlechter in sich und kann sich zeitlich versetzt von einem Geschlecht in das andere verwandeln. Derartige Tiere nennt man konsekutive Zwitter.[131]
- Rollenverteilung: Unsere kulturell geprägten Vorstellungen von „männlich" und „weiblich" werden durch die Biologie sehr erweitert. Brutpflege beispielsweise wird nicht nur von den Weibchen übernommen. Die zu den Fischen gehörenden Seepferdchen kehren das Prinzip um: Das Weibchen spritzt dem Männchen Eier in zwei Brusttaschen. Dort werden die Eier befruchtet und vom Männchen ausgetragen und geboren. Bei Seepferdchen sind also die Männchen trächtig.[132] Beim Paarungsakt schließlich gibt es in der Biologie die für unser menschliches Rollenverständnis „verrücktesten" Vorgänge, aber alles ist „natürlich": Der männliche Löcherkrake stirbt unmittelbar nach dem Geschlechtsakt. Er füllt einen seiner acht Arme mit Spermien, übergibt ihn dem Weibchen und treibt daraufhin mit den verbliebenen sieben Tentakeln in den Tod. Er ist gerade einmal so groß wie die Pupille des Weibchens (Paetsch 2003). Und Männchen der Tiefsee-Anglerfische (z. B. der Rutenangler) geben ihre eigene Existenz auf, sobald sie ein paarungswilliges Weibchen gefunden haben. Das Männchen beißt sich zur Fortpflanzung an dem bis zu zehn Mal größeren Weibchen fest. Die beiden Individuen verschmelzen, sogar die Blutbahnen verbinden sich und das Männchen wird fortan vom Weibchen ernährt.[133]

Informationen zur Story des Mysterys und zur Durchführung

Die Leitaussage verdeutlicht, dass die binäre Geschlechtereinteilung in männlich und weiblich zu hinterfragen ist. Das Mystery bietet zahlreiche Spotlights zum Thema Sexualität und ist geeignet, die Vielfalt menschlicher Sexualität sowie die ökologische Diversität sexueller Ereignisse im Tierreich zu beleuchten. Hierdurch wird das, was in den Köpfen der Schüler*innen als „normal" und „natürlich" gilt, in einen kognitiven Konflikt geführt. Eine Story gibt es im eigentlichen Sinne nicht, aber einen Protagonisten, der homosexuell ist. Das mag ein wenig klischeehaft sein, ist aber nach unseren Beobachtungen noch immer eines der wichtigsten Toleranzthemen in der Pubertät insbesondere männlicher Jugendlicher auf der Suche nach ihrer sexuellen Identität.
Das Mystery sollte als Einstieg in eine Unterrichtsreihe zur Sexualität in der siebten oder achten Jahrgangsstufe durchgeführt werden. In früheren Jahrgangsstufen sollten bereits die typischen männlichen und weiblichen Geschlechtsmerkmale besprochen worden sein. Nur dann bietet das Mystery die Chance, das Wissen der Schüler*innen sowie ihre Toleranz zu erweitern.
Das Mystery „spielt" insbesondere in der Erweiterung bewusst mit Rollenklischees und Bildern. Tanzende Männer und fußballspielende Frauen verqueren das Rollenbild; Conchita Wurst als homosexuelle „Dragqueen" und ein Porträt von Jesus verdeutlichen, dass äußere Merkmale kein Grund für Vorurteile sein dürfen. Angeblich war ein Grund für den Erfolg von Conchita Wurst beim Eurovision Song Contest 2014, dass Menschen sie unbewusst durch die Ähnlichkeit zu Jesus sympathisch fanden.

129 https://www.tagesspiegel.de/wissen/intersex-reh-im-sauerland-entdeckt/8763614.html (Zugriff 28.12.2019)
130 https://de.wikipedia.org/wiki/Echter_Clownfisch (Zugriff 28.12.2019)
131 https://www.spektrum.de/lexikon/biologie-kompakt/hermaphroditismus/5417 (Zugriff 28.12.2019)
132 https://de.wikipedia.org/wiki/Seepferdchen (Zugriff 28.12.2019)
133 https://de.wikipedia.org/wiki/Tiefsee-Anglerfische (Zugriff 28.12.2019)

Rollenklischees, Intersexualität, Homosexualität, Transsexualität und die verschiedenen zoologischen Beispiele lassen das „Normale" dann als das erscheinen, was es ist: ein Teil des Ganzen in einer der Sexualität offenen Gesellschaft.
Im Arbeitsblatt werden einige Fragen gestellt, um die Begriffe und das Verständnis für verschiedene Aspekte der Sexualität zu sichern. In weiterführenden Stunden könnte die Thematik vertiefend behandelt werden, beispielsweise im Rahmen einer Podiumsdiskussion.

Lösungen zu den Aufgaben der Arbeitsvorlage

1. Intersexuell bedeutet, dass die Geschlechterzugehörigkeit eines Menschen an den Geschlechtsorganen nicht eindeutig festgelegt werden kann.
2. Man könnte „es" benutzen, allerdings intendiert „es" eine Sache und erscheint diskriminierend, das „hen" aus dem Schwedischen könnte eingeführt werden oder man verwendet „ersie" oder „sier" (ausgesprochen sie*er).
3. Bei transsexuellen Menschen ist das Geschlecht biologisch scheinbar eindeutig, jedoch fühlen sie sich diesem Geschlecht nicht zugehörig und möchten lieber einem anderen Geschlecht angehören.
4. Eine Dragqueen ist ein Mann, der sich übertrieben als Frau verkleidet („Dressed as girl").
5. Homosexualität gehört zur natürlichen sexuellen Orientierung und bedarf keiner Therapie – so die eindeutige Stellungnahme des Weltärztebundes.
6. Homosexuell: Enten, Bisexuell: Bonobos, Intersexuell: Regenwürmer, Transsexuell: Clownfisch

„Er oder sie?“

- Eure Aufgabe ist es herauszufinden, was diese Frage bedeutet.
- Eine Person aus der Gruppe nimmt eine beliebige Karte aus dem Umschlag und liest sie den anderen vor. Dann wird die Karte auf das Plakat gelegt.

Wichtig: Es wird immer nur eine Karte aus dem Umschlag genommen!

- Nacheinander werden so alle Kärtchen vorgelesen und abgelegt.
- Legt die Kärtchen zueinander, von denen ihr denkt, dass sie zusammengehören.
- Versucht, die Zusammenhänge zwischen den einzelnen Prozessen herauszufinden. Dazu könnt ihr die Kärtchen verschieben.
- Durch Pfeile und Beschriftungen sollt ihr zeigen, wie die verschiedenen Informationen miteinander in Verbindung stehen. Wenn ihr mit dem Ergebnis zufrieden seid, klebt die Kärtchen, so wie ihr sie gelegt habt, auf das Plakat.
- Beantwortet mithilfe eures Legekonstrukts folgende Aufgaben:

1. Was bedeutet Intersexualität?
2. Welches Personalpronomen würdest du im Deutschen benutzen für einen intersexuellen Menschen?
3. Was bedeutet Transsexualität?
4. Was ist eine Dragqueen?
5. Ist Homosexualität eine Krankheit?
6. Welche Tierbeispiele im Mystery sind Beispiele für Inter-, Bi-, Trans- und Homosexualität?

Männliche Tiefsee-Anglerfische wie der Rutenangler geben ihre eigene Existenz auf, sobald sie ein paarungswilliges Weibchen gefunden haben. Das Männchen beißt sich zur Fortpflanzung an dem bis zu zehn Mal größeren Weibchen fest. Daraufhin verschmilzt es komplett mit ihm, sogar die Blutbahnen verbinden sich.

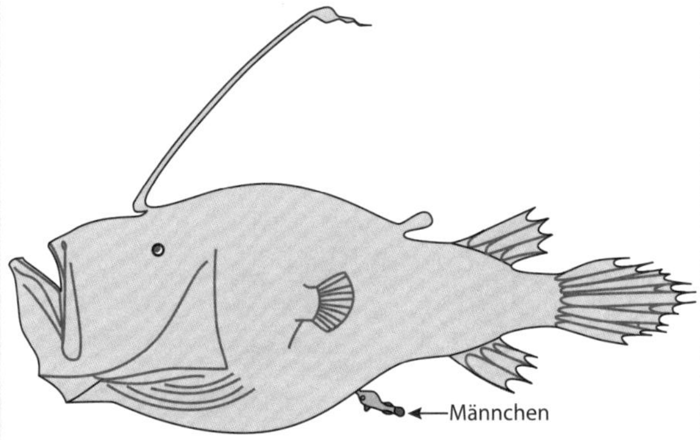

Die Vorstellung, dass das Geschlecht beim Menschen durch die Geschlechtschromosomen X und Y festgelegt ist, ist veraltet. Auch Gene auf den anderen Chromosomen, die Regulation der Gene und Hormone haben Bedeutung bei der Ausbildung des Geschlechts.

Versuche an Mäusen legen nahe, dass ungefähr 1.000 Gene an der Geschlechtsentwicklung beteiligt sein könnten. Hinzu kommt, dass sich die meisten dieser Gene nicht auf dem X- oder Y-Chromosom finden. Bei einigen Säugetierarten konnte die Unterscheidung eines X- und Y-Chromosoms nicht gezeigt werden.

Homosexualität gehört zur natürlichen sexuellen Orientierung und bedarf keiner Therapie – so die eindeutige Stellungnahme des Weltärztebundes.

Noah, 16 Jahre alt, ist schwul.

Noah hat es schon oft schwer gehabt. Nicht nur er selbst hat schon früh gemerkt, dass er anders war als andere Jungs. Beschimpfungen wie „schwule Sau" muss er sich oft gefallen lassen. Dennoch fühlt er sich seit seinem Coming-out viel wohler in seiner Haut.

Conchita Wurst ist der Künstlername des Österreichers Tom Neuwirth. Er gewann 2014 den Eurovision Song Contest. Tom Neuwirth erfand die Dragqueen Conchita als Reaktion auf die Diskriminierung, die er in seiner Jugend aufgrund seiner Homosexualität aushalten musste. „Drag" steht für die Abkürzung „Dressed as girl / guy".

Der Zwergschimpanse oder Bonobo ist einer der nächsten Verwandten des Menschen und bisexuell.

Seepferdchen sind Fische, deren Weibchen dem Männchen je nach Art zwischen 50 und 1.000 Eier in zwei Brusttaschen legen. Das Männchen befruchtet die Eier, trägt sie aus und gebärt schließlich.

Der Clownfisch kann sein Geschlecht umwandeln. Ein Weibchen lebt mit mehreren männlichen Artgenossen in einer Gruppe zusammen. Stirbt das Weibchen, wechselt das größte Männchen sein Geschlecht, wird also zum Weibchen und führt die Gruppe an.

„Hen" bedeutet in Schweden so viel wie „Geschlecht unbekannt". Dieses „hen" ergänzt „han" (er) und „hon" (sie) als Bezeichnung für eine Person, die weder eindeutig männlich noch weiblich ist.

Das Geschlecht der Krokodile hängt von der Temperatur der Eier ab: Weibchen entstehen bei bis etwa 30 °C, ab 34 °C entstehen nur noch Männchen. Bei Temperaturen dazwischen schlüpfen Krokodile beiderlei Geschlechts.

Der Gender-Star * findet auch bei Behörden zunehmend Einzug in die Normalität. Damit will man Frauen, Männern und allen Geschlechtern dazwischen gerecht werden und Akzeptanz zum Ausdruck bringen, z. B. die*der Schüler*in.

Manche Tiere sind Zwitter, d. h., sie haben männliche und weibliche Geschlechtsorgane. Regenwürmer oder Landlungenschnecken sind Beispiele für Zwitter. Diese Tiere befruchten sich bei der Paarung gegenseitig.

Schätzungsweise eines von 4.500 Neugeborenen ist körperlich nicht klar Junge oder Mädchen, es gibt viele Zwischenformen. Nach Schätzungen sind etwa 100.000 Menschen in Deutschland intersexuell oder intergeschlechtlich.

Intersexuell bedeutet, dass die Geschlechterzugehörigkeit eines Menschen an den Geschlechtsorganen nicht eindeutig festgelegt werden kann. In der Medizin spricht man von DSD als Differences of Sexual Development (Varianten der Geschlechtsentwicklung).

Seit Dezember 2018 ist es in Deutschland möglich, im Personenstandsregister neben männlich (m) und weiblich (w) ein drittes Geschlecht eintragen zu lassen für intersexuelle Menschen: divers (x).

Sexualität dient dem Austausch und der Neuverteilung von Erbinformationen. Hierzu gibt es viele Verhaltensweisen zwischen den Individuen. Bei Menschen werden diese „natürlichen" Verhaltensmuster überprägt durch Gesellschaft, Religion und Kultur.

Bei transsexuellen Menschen ist das Geschlecht biologisch scheinbar eindeutig, jedoch entdecken sie irgendwann, dass sie „im falschen Körper" sind. Viele fühlen sich schon als Kind so unwohl mit ihrer Geschlechtseinordnung, dass sie daran etwas ändern. Sie können ihr Geschlecht durch eine Operation angleichen lassen.

Etwa 5 % aller Enten und Gänse sind homosexuell. Alleinstehende Weibchen legen ihre Eier in die Nester von Homopaaren, die geschickter in der Erziehung sind als die heterosexuellen.

Homosexualität gibt es nachweislich bei etwa 1.500 Tierarten, vom Tintenfisch über den Elefanten zur Made. Meist ist dieses Konzept bei Herdentieren erfolgreich, es wird Fressen geteilt und Jungtiere werden gemeinsam aufgezogen.

Manchmal lösen Übergänge der Geschlechter auch Kontroversen aus: Caster Semenya ist eine intersexuelle Mittelstreckenläuferin, die zu den erfolgreichsten der Welt gehört. Äußerlich weiblich, hat sie im Körper versteckte Hoden, keine Eierstöcke oder Gebärmutter und einen erhöhten Testosteronspiegel.

Von der Berliner Blu-Mediengruppe wird jährlich der Gay Travel Index erstellt. Weltweit gibt es 72 Länder und Territorien mit antihomosexuellen Gesetzen, das sind 37 % von 197 bewerteten Staaten. In einigen Ländern steht auch heute noch auf Homosexualität die Todesstrafe.

Der männliche Löcherkrake stirbt unmittelbar nach dem Geschlechtsakt. Er füllt einen seiner acht Arme mit Spermien, übergibt ihn dem Weibchen und treibt daraufhin mit den verbliebenen sieben Tentakeln in den Tod. Er ist gerade einmal so groß wie die Pupille des Weibchens.

Kathrin-Julia Hendrich ist eine deutsch-belgische Fußballspielerin.

Jérémie Belingard ist ein berühmter französischer Balletttänzer.

Literatur

In Kapitel 1 erwähnte Literatur (Nachhaltigkeit)

Die Bundesregierung (2016). Deutsche Nachhaltigkeitsstrategie. Berlin.

Hauff, V. (Hrsg.) (1987). Unsere gemeinsame Zukunft. Der Brundtland-Bericht der Weltkommission für Umwelt und Entwicklung. Eggenkamp.

Herdeg, P.; Oberholzer, G. & Gujer, M. (2013). Mystery Virtuelles Wasser am Beispiel usbekischer Baumwolle, Sek. II. education21. Online verfügbar: https://catalogue.education21.ch/sites/default/files/Myster_II_D.pdf (Zugriff 28.12.2019).

Keller, S. (Hrsg.) (1999). Motivation zur Verhaltensänderung. Das Transtheoretische Modell in der Forschung und Praxis. Lambertus.

Michelsen, G.; Grunenberg, H.; Mader, C. & Barth, M. (2016). Greenpeace Nachhaltigkeitsbarometer 2015 – Nachhaltigkeit bewegt die jüngere Generation. VAS.

Niedersächsisches Kultusministerium (2016). Kerncurriculum für die Schulformen des Sekundarbereichs I Schuljahrgänge 5 – 10. Unidruck.

Notz, D. & Stroeve, J. (2016). Observed Arctic sea-ice loss directly follows anthropogenic CO_2 emission. In: Science, 354, S. 747 – 750 , doi:10.1126/science.aag2345.

Pütz, N. (2017). Alles nur vegan? Plädoyer für eine bessere (Ernährungs-)Bildung. In: Wittkowske, S.; Polster, M. & Klatte, M. (Hrsg.). Essen und Ernährung. Herausforderungen für Schule und Bildung. Klinkhardt, S. 149 – 162.

Seewer, M. & Gujer, M. (2013). Mystery virtuelles Wasser am Beispiel usbekischer Baumwolle, Sek. I. education21. Online verfügbar: https://catalogue.education21.ch/ sites/default/files/ Mystery_1_DT_26.12.13.pdf (Zugriff 28.12.2019).

Sonnenberg, A.; Chapagain, A; Geiger, M. & August, D. (2009). Der Wasser-Fußabdruck Deutschlands (Herausgeber: WWF Deutschland). wwf.de/fileadmin/fm-wwf/Publikationen-PDF/wwf_studie_wasserfussabdruck.pdf (Zugriff 28.12.2019).

In Kapitel 2 erwähnte Literatur (Mystery)

Behrens, P. (2014). Einschätzung von Lehrerinnen und Lehrern zur Mystery-Methode im Biologieunterricht der Sekundarstufe I. Masterarbeit Universität Vechta.

Coen, A. & Wenz, H. (2012). Palmöl aus Kolumbien. Ein gestuftes Mystery. In: Praxis Geographie extra: Mystery. Geographische Fallbeispiele entschlüsseln, S. 38 – 43.

Copei, F. (1966). Der fruchtbare Moment im Bildungsprozess. Quelle & Meyer.

Funke, F. (2013). Die deutsche Erdbeere und ihre CO_2-Bilanz. Ein Mystery zu Wertschöpfungsprozessen. In: Praxis Geographie, 43. Jg., H.4, S. 28 – 32.

Gebhard, A. (2012). Schmutzige Schokolade. Kinderarbeit auf Kakaoplantagen in Westafrika. In: Praxis Geographie extra: Mystery. Geographische Fallbeispiele entschlüsseln. S. 14 – 17.

Hattie, J. (2008). Visible Learning. A synthesis of over 800 meta-analyses relating to achievement. Routledge.

Henning, J. (2016). Warum muss Imara hungern? Ein Mystery Modul. In: Praxis Geographie, 46. Jg., H. 7/8, S. 4 – 29.

Just, I. (2018). Die Mystery-Methode im Biologieunterricht als möglicher Weg zur Verhaltensänderung bei Schülerinnen und Schülern. Masterarbeit Universität Vechta.

Kaufhold, A. (2018). Mysterys im Geschichtsunterricht 5 – 10. Auer.

KMK (2005). Bildungsstandards im Fach Biologie für den mittleren Schulabschluss. Beschluss vom 16.12.2004. Online verfügbar: http://www.kmk.org/fileadmin/Dateien/veroeffentlichungen_ beschluesse/2004/2004_12_16-Bildungsstandards-Biologie.pdf (Zugriff 28.12.2019).

Leat, D. (Hrsg.). (1998). Thinking Through Geography. Cambridge.

Liesenberg, J. (2012). Warum ruft Opa Knut beim Makler an? Veränderungen durch den Fremdenverkehr am Beispiel von Benidorm/ Spanien. In: Praxis Geographie extra: Mystery. Geographische Fallbeispiele entschlüsseln. S. 9 – 13.

Loose, M. (2014). Haare im Brötchen? – Ein Mystery zur Proteinchemie. Netzwerk Lernen, Raabe.

Mülhausen, J. (2017). Bei Müllers ist es ordentlich und Meiers haben Gäste. Mystery zum Thema Igel und naturnaher Garten. In: Mülhausen, J. & Pütz, N. (Hrsg.). Mysterys im Biologieunterricht. 3. Auflage. Aulis.

Mülhausen, J. & Pütz, N. (2017). Mysterys im Biologieunterricht. 3. Auflage. Aulis.

Niedersächsisches Kultusministerium (Hrsg.) (2013). Kerncurriculum für die Oberschule Schuljahrgänge 5–10 Naturwissenschaften. Unidruck.

Niedersächsisches Kultusministerium (Hrsg.) (2007). Kerncurriculum für die Real Schuljahrgänge 5–10 Naturwissenschaften. Unidruck.

Oelfke, L.; Mülhausen, J. & Pütz, N. (2017). Thema Sinnesorgan: Ohr. In: Mülhausen, J. & Pütz, N. (Hrsg.). Mysterys im Biologieunterricht. 3. Auflage. Aulis.

Pütz, N. (2015). Biologie? Das ist doch nur ein Nebenfach. Neobook.

Pütz, N. (2017). Warum sollten in der Biologie Mysterys durchgeführt werden? In: Mülhausen, J. & Pütz, N. (Hrsg.). Mysterys im Biologieunterricht. 3. Auflage. Aulis.

Riepenhausen, B. (2013). Von der Idee zum Produkt. Einführung von Mysterys als neue Methode im Biologieunterricht. Masterarbeit Universität Vechta.

Riese, J. (2018). Von der Unterrichtsmethode zur (nachhaltigen) Verhaltensänderung? Eine Pilotstudie. Masterarbeit Universität Vechta.

Spörhase, U. & Ruppert, W. (2018). Biologie-Methodik: Handbuch für die Sekundarstufe I und II. Cornelsen.

Schuler, S. (2012). Flutkatastrophe in Manila. Zum Umgang mit Verwundbarkeit angesichts des globalen Klimawandels. In: Praxis Geographie extra: Mystery. Geographische Fallbeispiele entschlüsseln. S. 44 – 48.

Vankan, L.; Rohwer, G. & Schuler, S. (Hrsg.) (2007). Diercke-Methoden. Denken lernen mit Geographie. Westermann.

Völkerding, M. (2014). Wie erleben Schüler und Schülerinnen die Unterrichtsmethode „Mystery“ im Biologieunterricht? Masterarbeit Universität Vechta.

In Kapitel 3 erwähnte Literatur (Wildbienen)

Chadwick, F.; Alton, S.; Tennant, E.- S.; Fitzmaurice, B. & Earl, J. (2017). Das Bienen Buch. Bienen verstehen, schützen und halten. Dorling Kindersley.

Hauk, P. (2018). Bienenweidekatalog. Verbesserung der Bienenweide und des Artenreichtums. Ministerium für Ländlichen Raum und Verbraucherschutz Baden-Württemberg. 5., aktualisierter Nachdruck, Stuttgart. Bonifatius GmbH Druck, Verlag Paderborn. Online verfügbar: https://mlr.baden-wuerttemberg.de/fileadmin/redaktion/m-mlr/intern/dateien/publikationen/Bienenweide-Katalog.pdf (Zugriff 28.12.2019).

Klöckner, J. (2019). Bienenfreundliche Pflanzen für Balkon und Garten. Das Pflanzenlexikon der Bienen-App. Bundesministerium für Ernährung und Landwirtschaft (BMEL): Berlin. Online verfügbar: https://www.bmel.de/SharedDocs/Downloads/Broschueren/Bienenlexikon.pdf;jsessionid=4A0D347C426383DFC4A688BDE9B4DB95.1_cid385?__blob=publicationFile (Zugriff 28.12.2019).

Mudder, L. & Pütz, N. (2017). ... und die Supermarktregale werden leer sein. Ein Mystery zum Bienensterben. Schulmagazin 5 - 10, 1.2017, S. 35 – 39.

Hallmann C. A.; Sorg M.; Jongejans, E.; Siepel, H.; Hofland, N.; Schwan, H.; Stenmans, W.; Müller, A.; Sumser, H.; Hörren, T.; Goulson, D. & de Kroon, H. (2017). More than 75 percent decline over

27 years in total flying insect biomass in protected areas. PLoS ONE 12(10): e0185809. https://doi.org/10.1371/journal.pone.0185809.
Sontheimer, L. (2019). Woran Deutschlands Bienen sterben. Zeit online. Online verfügbar: https://www.zeit.de/wissen/umwelt/2019-02/artenvielfalt-insekten-pestizide-volksbegehren-bienen-sterben-faq#was-empfehlen-forscherinnen-und-forscher-um-insekten-zu-schuetzen (Zugriff 28.12.2019).
Venne, C. (2015). Die Zaunrüben-Sandbiene *(Andrena florea)*. Wildbiene des Jahres 2015. Online verfügbar: https://www.bs-paderborn-senne.de/uploads/media/NATVM-2015-Venne-Sandbiene.pdf (Zugriff 28.12.2019).
Von der Ohe, W. (2018). „Bienensterben" – eine differenzierte Betrachtung. Nds. Landesamt für Verbraucherschutz und Lebensmittelsicherheit (LAVES): Celle. Online verfügbar: https://www.laves.niedersachsen.de/download/131838/Bienensterben_eine_differenzierte_Betrachtung.pdf (Zugriff 28.12.2019).
Willinger, G. (2014). Wildbienen: Wertvolle Dienstleister. Spektrum. Online verfügbar: https://www.spektrum.de/news/wildbienen-leisten-wertvolle-arbeit/1299348 (Zugriff 28.12.2019).

In Kapitel 4 erwähnte Literatur (Fußabdruck)

Beyers, B.; Kus, B.; Amend, T. & Fleischhauer, A. (2010). Großer Fuß auf kleiner Erde? Bilanzieren mit dem Ecological Footprint – Anregungen für eine Welt begrenzter Ressourcen. Zweite, leicht veränderte Auflage. In: Nachhaltigkeit hat viele Gesichter, Nr. 10. Deutsche Gesellschaft für Technische Zusammenarbeit (GTZ) GmbH, Eschborn.
Wackernagel, M. & Beyers, B. (2016). Footprint. Die Welt neu vermessen. CEP. Europäische Verlagsanstalt.

In Kapitel 5 erwähnte Literatur (Frau Burger)

BLE (2019). Mein Essen – unser Klima. Einfache Tipps zum Klimaschutz. Online verfügbar: https://docplayer.org/123712280-Mein-essen-unser-klima-einfache-tipps-zum-klimaschutz.html (Zugriff 28.12.2019).
Bethge, P.; Blech, J.; von Bredow, R.; Klawitter, N.; Koch, J.; Ludwig, U.; Schult, C. & Shafy, S. (2013). Die Menschen-Mäster. In: Der Spiegel, 66. Jg., Heft 10, S. 123 – 130.
Campbell, T. C. & Campbell, T. M. (2009). China Study: Die wissenschaftliche Begründung für eine vegane Ernährungsweise Verlag Systemische Medizin.
Campbell, N. A. & Reece, J. B. (2003). Biologie. Spektrum.
Chemnitz, C. (2016): Fleischatlas 2016. Daten und Fakten über Tiere als Nahrungsmittel. Online unter: https://www.bund.net/fileadmin/bundnet/publikationen/landwirtschaft/160113_bund_ landwirtschaft_fleischatlas_regional_2016 (Zugriff 28.12.2019).
climate 20 press conference (2017). Klimawandel – eine Faktenliste. Online verfügbar: https://www.klimafakten.de/sites/default/files/downloads/klimafakten2017g20.pdf (Zugriff 28.12.2019).
Frey, W. & Lösch, R. (2010). Geobotanik. Pflanze und Vegetation in Raum und Zeit. Spektrum.
Goodland, R. & Anhang, J. (2009). Livestock and Climate Change. What if the key actors in climate change are cows, pigs, and chickens? WorldWatch|November/December 2009. Online verfügbar: http://www.worldwatch.org/files/pdf/Livestock%20and% 20Climate%20Change.pdf
Kwasniewski, N. (2019). „Das schlimmste Unternehmen der Welt". Spiegel online. Online verfügbar: https://www.spiegel.de/wirtschaft/agrarkonzern-cargill-das-schlimmste-unternehmen-der-welt-a-1276654.html (Zugriff 28.12.2019).
Moss, M. (2014). Das Salz-Zucker-Fett-Komplott: Wie die Lebensmittelkonzerne uns süchtig machen. München.
Neukom, R.; Steiger, N.; Gomez-Navarro, J. J.; Wang, J. & Werner, J. P. (2019). No evidence for glo-

bally coherent warm and cold periods over the preindustrial Common Era. In: Nature 571, S. 550 – 554.
Noleppa, S. (2012). Klimawandel auf dem Teller. WWF Deutschland. Online verfügbar: https://www.wwf.de/fileadmin/fm-wwf/Publikationen-PDF/Klimawandel_auf_dem_Teller.pdf (Zugriff 28.12.2019).
Peters, A. (2012). Das egoistische Gehirn: Warum unser Kopf Diäten sabotiert und gegen den eigenen Körper kämpft. Ullstein.
Potjans, M. & Ziegler, W. (2019). Macht Fleisch krank? Online verfügbar: https://www.planet-wissen.de/gesellschaft/lebensmittel/fleisch/pwiemachtfleischkrank100.html (Zugriff 28.12.2019).
Pütz, N. (2017). Alles nur vegan? Plädoyer für eine bessere (Ernährungs-)Bildung. In: Wittkowske, S.; Polster, M. & Klatte, M.: Essen und Ernährung. Herausforderungen für Schule und Bildung. Klinkhardt S. 149 – 162 , S. 161.
Rarey, J. J. & Manning, R. (2016). Zivilisationskrank: Wie wir unsere biologische Natur mit dem modernen Leben versöhnen. Bastei-Lübbe.
Reece, J.; Urry, L.; Cain, M.; Wasserman, S.; Minorsky, P. & Jackson, R. (2016). Campbell Biologie. Pearson.
Sarmadi, D. (2015). WWF-Studie: Ernährung befeuert Klimawandel und Umweltzerstörungen. Online verfügbar: https://www.euractiv.de/section/entwicklungspolitik/news/wwf-studie-ernahrung-befeuert-klimawandel-und-umweltzerstorungen/ (Zugriff 28.12.2019).
Uken, C. (2013). Veganer, die Klimaretter. Online verfügbar: http://www.zeit.de/wirtschaft/2013-11/soja-bilanz?sort=desc#comments (Zugriff 28.12.2019).

In Kapitel 6 erwähnte Literatur (Gold)

Alder, Y. (2016). Haut nah. Alles über unser größtes Organ. Droemer.
FAO (2010). Greenhouse Gas Emissions from the Dairy Sector. A Life Cycle Assessment. Online verfügbar: http://www.fao.org/docrep/012/k7930e/k7930e00.pdf (Zugriff 28.12.2019).
Henrich, E. W. (2015). Milch und Milchprodukte machen krank – kleine Zusammenfassung der gesundheitlichen Schädigungen durch Milchprodukte. Online verfügbar: https://www.provegan.info/de/infothek/aktuelles/milch-und-milchprodukte-machen-krank-kleine-zusammenfassung-der-gesundheitlichen-schaedigungen-d/ (Zugriff 28.12.2019).
Meier, M. L. (2016). Lactose-Intoleranz – der Normalfall! In: Bergau, M.; Hegemann, B.; Landerer-Gerards, J.; Lehmacher, W.; Schillings, D.; Schröder, R. & Schwanewedel, J. (Hrsg.). Prisma Wahlpflicht 2. Naturwissenschaften aktiv, Klett. S. 68.
Wachter, D. S. (2019). Ökobilanz. Warum Mandelmilch keine gute Alternative zu Kuhmilch ist – und welche Sie stattdessen trinken sollten. Online verfügbar: https://www.stern.de/genuss/trinken/pflanzenmilch--wirklich-eine-alternative-zu-kuhmilch--8518536.html (Zugriff 28.12.2019).
Zur Hauser, H., de Villers, E. (2016). Risikofaktoren für Krebs und MS in Kuhmilch und Rindfleisch? In: Biologie in unserer Zeit, 46. Jg., Heft 1, S. 26 – 31.

In Kapitel 7 erwähnte Literatur (Dora)

Irmer, J. (2017). Warum wird uns die Natur immer fremder? Online verfügbar: https://www.spektrum.de/news/natur-entfremdung-kinder-kommen-immer-weniger-in-die-natur/1507953 (Zugriff 28.12.2019).
Joy, M. (2013). Warum wir Hunde lieben, Schweine essen und Kühe anziehen: Karnismus – eine Einführung. Compassion Media.
WBA. (2015). Wege zu einer gesellschaftlich akzeptierten Nutztierhaltung. Gutachten des Wissenschaftlichen Beirats für Agrarpolitik beim Bundesministerium für Ernährung und Landwirtschaft. Online verfügbar: http://www.bmel.de/SharedDocs/Downloads/Ministerium/Bei-

raete/Agrarpolitik/GutachtenNutztierhaltung.pdf%3F__blob%3DpublicationFile (Zugriff 28.12.2019).
Smith, C. L. & Zielinski, S. L. (2015). Schlaue Hühner. Spektrum der Wissenschaft Mai 2015. Online verfügbar: https://www.spektrum.de/news/schlaue-huehner/1342910 (Zugriff 28.12.2019).

In Kapitel 8 erwähnte Literatur (Plastikinsel)

Azzarello, M. & Van Vleet, E. (1987). Marine birds and plastic pollution. In: Marine Ecology 37, S. 295–303.
Butterworth, A.; Clegg, I. & Bass, C. (2012). Untangled – Marine debris: a global picture of the impact on animal welfare and of animal-focused solutions. London: World Society for the Protection of Animals.
Carsten, P. (2019). Warum Luftballone für Seevögel besonders tödlich sind. Geo. Online verfügbar: https://www.geo.de/natur/nachhaltigkeit/21030-rtkl-plastikmuell-warum-luftballone-fuer-see-voegel-besonders-toedlich (Zugriff 28.12.2019).
Flatley, A. (2018). Plastikmüll im Meer – diese Projekte tun was dagegen. Utopia. Online verfügbar: https://utopia.de/ratgeber/plastikmuell-im-meer-diese-projekte-tun-was-dagegen/(Zugriff 28.12.2019).
Geyer, R.; Jambeck, J. R. & Law, K. L. (2017). Production, use, and fate of all plastics ever made. In: Science Advances. Band 3, 2017, doi:10.1126/sciadv.1700782.
Hammer, M. (2015). Wer ist schuld am vielen Plastik im Meer? Stern online. Online verfügbar: https://www.stern.de/panorama/wissen/natur/plastik-im-meer--wer-ist-schuld-an-den-vermuellten-ozeanen--3971376.html (Zugriff 28.12.2019).
Jambeck, J.; Geyer, R.; Wilcox, C.; Siegler, T.; Perryman, M.; Andrady, A.; Narayan, R. & Law, K. (2015). Plastic waste inputs from land into the ocean. In: Science 347, S. 768–771.
Lingenhöhl, D. (2018). Kunststoffe: Plastik flutet die Arktis. Spektrum. Online verfügbar: https://www.spektrum.de/news/plastik-flutet-die-arktis/1561442 (Zugriff 28.12.2019).
Mast, M. & Stockrahm, S. (2018). Plastik in Meer. Die größte Müllhalde der Welt ist gut versteckt. Zeit online. Online verfügbar: https://www.zeit.de/wissen/umwelt/2018-07/plastik-meer-tiefsee-nordpazifik-muellstrudel-oekosystem (Zugriff 28.12.2019).
Savoca, M. S.; Tyson, C. W.; McGill, M. & Slager, C. J. (2017). Odours from marine plastic debris induce food search behaviours in a forage fish. Philosophical Transactions of the Royal Society B. Biologiscal Sciences. https://doi.org/10.1098/rspb.2017.1000.
Simmanck, J., Stockrahm, S. (2018). Das Plastik in uns. Online verfügbar: https://www.zeit.de/wissen/umwelt/2018-10/mikroplastik-kunststoff-meer-gesundheit-ernaehrung-tiere-gefahren (Zugriff 28.12.2019).
Teuten, E. L.; Saquing, J. M.; Knappe, D. R. U.; Barlaz, M. A.; Jonsson, S.; Björn, A.; Rowland, S. J.; Thompson, R. C.; Galloway, T. S.; Yamashita, R.; Ochi, D.; Watanuki, Y.; Moore, C. & Viet, P. H. (2009). Transport and release of chemicals from plastics to the environment and to wildlife. Philosophical Transactions of the Royal Society B. Biological Sciences. https://doi.org/10.1098/rstb.2008.0284.
wwf (2017). Plastikmüll in den Weltmeeren. Online verfügbar: https://www.mobil.wwf.de/Information-Unsere-Ozeane-versinken-im-Plastikmuell.pdf (Zugriff 28.12.2019).

In Kapitel 9 erwähnte Literatur (Mops)

Bartels, T. & Wegner, W. (1998). Fehlentwicklungen in der Haustierzucht. Enke.
Barthélémy, A. & von Leszczynski, U. (2018). Die Zoos der Zukunft. Wenn Affen das Affenhaus selbst managen: Was Zoochefs gegen den Vorwurf der Tierquälerei tun. Schweriner Volkszeitung. Online verfügbar: https://www.svz.de/deutschland-welt/panorama/die-zoos-der-zukunft-id18727796.html (Zugriff 28.12.2019).

Bibikow D. I.(1990). Der Wolf. Ziemsen.
Joy, M. (2013). Warum wir Hunde lieben, Schweine essen und Kühe anziehen: Karnismus – eine Einführung. Compassion Media.
Hucklenbroich, C. (2010). Der Mops ist out oder: Ein Nachfolger für den Trendhund der Nullerjahre. Online verfügbar: https://blogs.faz.net/planckton/2010/03/21/gerd-kaefers-fruchtgummi-moepse-216/ (Zugriff 28.12.2019).
Nadler, S. (2016). Neuseeland als leuchtendes Beispiel: Tiere haben jetzt Rechte. Online verfügbar: https://compassioner.com/allgemein/neuseeland-als-leuchtendes-beispiel-tiere-haben-rechte-wie-menschen/ (Zugriff 28.12.2019).
Reichholf, J. (2018). Sind Mensch und Tier schon auf Augenhöhe? Online verfügbar: https://www.welt.de/debatte/kommentare/article175052178/Individualitaet-Sind-Mensch-und-Tier-schon-auf-Augenhoehe.html (Zugriff 28.12.2019).
Stafford, K. (2006). The Welfare of Dogs. In: Animal Welfare. Band 4. Springer.
Stephan, B. (2017). Armer Hund. Zeit online 3017/39. Online verfügbar: https://www.zeit.de/2017/39/tierzucht-hund-haustier-gerhard-oechtering-arzt. Vgl. auch https://www.daserste.de/information/wissen-kultur/w-wie-wissen/hundequalzucht-100.html (Zugriff 28.12.2019).
Vila, C.; Savolainen, P.; Maldonado, J. E.; Amorim, I. R; Rice, J. E.; Honeycutt, R. L.; Crandall, K. S.; Lundeberg, J. & Wayne R. K. (1997). Multiple and Ancient Origins of the Domestic Dog. Science 276, S. 1687 – 1689.
Voss, S. (2009). Eine Reise durch Madagaskar. Entwurf einer Anlage für Lemuren im Vogelpark Marlow. Diplomarbeit Hochschule Neubrandenburg.
Weidemann, L.-J. (2011). Recht illusionär: Das Heimtierzuchtgesetz. In: Wuff 2011/07 – 08.

In Kapitel 10 erwähnte Literatur (Hund – Schwein)

Erling, J. (2017). Geliebt oder gegessen. Wie die Chinesen auf den Hund gekommen sind. Online verfügbar: https://www.welt.de/wirtschaft/article166023878/Wie-die-Chinesen-auf-den-Hund-gekommen-sind.html (Zugriff 28.12.2019).
Foer, J. S. (2010). Tiere essen. Kiepenheuer & Witsch.
Joy, M. (2013). Warum wir Hunde lieben, Schweine essen und Kühe anziehen. Karnismus – Eine Einführung. Compassion media.
Kunz, A. (2002). Ein Bissen für Hundeliebhaber. In: Taz archiv. www.taz.de /!1130500/ (Zugriff 28.12.2019).
Morlok, A., Margenfeld, S. (2017). Werden in China wirklich Hunde und Katzen gegessen? Ein aktueller Reisebericht. Online verfügbar: https://www.peta.de/china-hunde-katzen (Zugriff 28.12.2019).
Oeser, E. (2004). Hund und Mensch. Die Geschichte einer Beziehung. Primus Verlag.
Saletan, W. (2002). Wok the Dog. Online verfügbar: http://www.slate.com/(Zugriff 28.12.2019).
The Chintzy Herald (2016). Online verfügbar: https://chintzyherald.wordpress.com/2016/06/02/erste-deutsche-hundeschlachterei-eroeffnet/ (Zugriff 28.12.2019).

In Kapitel 11 erwähnte Literatur (Er oder sie)

Ainsworth, C. (2015). Sex redefined. In: Nature 518, S. 288 – 291.
Bailey, M.; Vasey, P. L.; Diamond, L. M.; Breedlove, M.; Vilain, E. & Epprecht, M. (2016). Sexual Orientation, Controversy, and Science. In: Psychological Science in the Public Interest 2016, S. 45 – 101.
Brändlin, A. S. (2017). Schwule, Lesben und Bisexuelle – im Tierreich ganz normal. Online verfügbar: https://www.dw.com/de/schwule-lesben-und-bisexuelle-im-tierreich-ganz-normal/a-39966868 (Zugriff 28.12.2019).
Fischer, G. (2010). Die rosa Liste. Süddeutsche Zeitung. Online verfügbar: https://www.sueddeutsche.

de/wissen/tierwelt-die-rosa-liste-1.622417 (Zugriff 28.12.2019).
Ganna, A.; Verweij, K.; Nivard, M.; Maier, R.; Wedow, R.; Busch, A.; Abdellaou, A.; Guo, S.; Sathirapongsasuti, J.; Lichtenstein, P.; Lundström, S.; Långström, L.; Auton, A.; Mullan Harris, K.; Beecham, G.; Martin, E.; Sanders, A.; Perry, J.; Neale, B. & Zietsch, B. (2019). Large-scale GWAS reveals insights into the genetic architecture of same-sex sexual behavior. In: Science 365, DOI: 10.1126/science.aat7693. https://science.sciencemag.org/content/365/6456/eaat7693 (Zugriff 28.12.2019).
Kehse, U. & Witte, S. (2015). Wurzeln der Homosexualität. Geokompakt Nr. 43 „Sex".
Kühne, A. (2015). Was ist Transsexualität/Transidentität? Das Queer-Lexikon. Online verfügbar: https://www.tagesspiegel.de/gesellschaft/queerspiegel/das-queer-lexikon-was-ist-transsexualitaet-transidentitaet/11840524.html (Zugriff 28.12.2019).
Kühne, A. (2019). Was ist Intersexualität? Das Queer-Lexikon. Online verfügbar: https://www.tagesspiegel.de/gesellschaft/queerspiegel/das-queer-lexikon-was-ist-intersexualitaet/12086608.html (Zugriff 28.12.2019).
Mahler, L. (2014). Sexuelle Orientierung: Variationsvielfalt jenseits der Pathologie. In: Deutsche Ärzteblatt 2014, S. 111.
Paetsch, M. (2003). Löcherkraken haben die mickrigsten Männchen. Online verfügbar: https://www.spiegel.de/wissenschaft/natur/ungleicher-sex-loecherkraken-haben-die-mickrigsten-maennchen-a-233082.html (Zugriff 28.12.2019).
Rohwedder, W. (2019): Nur wenige wollen „divers" sein. Online verfügbar: https://www.tagesschau.de/investigativ/divers-105.html (Zugriff 28.12.2019).
Rosen, U. (2009). Vom Umgang mit der Intersexualität. Unterricht Biologie 342, S. 22–26. Überarbeitete Version Juli 2016. Online verfügbar: http://www.kinderbuch-intersexualitaet.de/UE%20 Aktualisierung%2020.07.2016.pdf (Zugriff 28.12.2019).
Schadwinkel, A. (2019). Es gibt nicht das eine Gen für Homosexualität. Zeit-online. Online verfügbar: https://www.zeit.de/wissen/2019-08/sexualitaet-genforschung-erbgut-homosexualitaet-schwul-lesbisch (Zugriff 28.12.2019).
Schmidt, G. (2014). Das neue Der Die Das. Über die Modernisierung des Sexuellen. Psychosozial-Verlag.
Schulz, S. (2019). So leben Thailands Ladyboys. Online verfügbar: https://www.spiegel.de/politik/ausland/thailand-so-leben-ladyboys-a-1270740.html (Zugriff 28.12.2019).
Voss, H.-J. (2011). Making Sex revisited. Transcript.
Voss, H.-J. (2016). Gender in der Biologie. Es gibt mehr als zwei Geschlechter. Online verfügbar: https://www.tagesspiegel.de/wissen/gender-in-der-biologie-es-gibt-mehr-als-zwei-geschlechter/13386730.html (Zugriff 28.12.2019).

Informationen zu den weiteren Autor*innen:

Dr. Markus Böggemann ist Diplombiologe und außerplanmäßiger Professor für Zoologie an der Universität Vechta. Sein Forschungsschwerpunkt ist die Ökologie der Tiefsee, hier insbesondere die Borstenwürmer.
Victoria Grave M.Ed. ist angehende Lehrerin und hat eine frühere Version des Wildbienen-Mysterys konzipiert und damit in ihrer Masterarbeit Untersuchungen durchgeführt.

Danksagung

Wir bedanken uns bei Dr. Gabriela Holzmann vom Friedrich Verlag für die konstruktive und problemfreie Betreuung. Dirk Haupt hat dankenswerterweise die redaktionelle Bearbeitung des Manuskripts übernommen. Vielen Dank an Ines Hartmann M.Ed., Kim Nolting M.Ed. und Lena Januschka, die den gesamten Text mit hilfreichen Anmerkungen versehen haben. Besonders bedanken wir uns bei Jonas Mülhausen, der sehr sorgfältig alle Texte redigiert und mit überaus wertvollen Hinweisen verbessert hat.

Bildquellenverzeichnis

Unter **www.friedrich-verlag.de** finden Sie Materialien zum Buch als Download.
Bitte geben Sie den achtstelligen Download-Code in das Suchfeld ein.

DOWNLOAD-CODE: **d62997mb**

Hinweis:

Das Download-Material enthält Arbeitsblätter aus dem vorliegenden Praxismaterial, die Sie bei der Vorbereitung und Durchführung von Schreibwerkstätten unterstützen.

Haben Sie Fragen zum Download? Dann wenden Sie sich bitte
an den Leserservice der Friedrich Verlags GmbH.
Schreiben Sie uns oder rufen Sie uns an!

Sie erreichen unseren Leserservice
Montag bis Donnerstag von 8 – 18 Uhr
Freitag von 8 – 14 Uhr
Tel.: 05 11/4 00 04-150
Fax: 05 11/4 00 04-170
E-Mail: *leserservice@friedrich-verlag.de*

Wir freuen uns über Ihre Rückmeldungen und helfen Ihnen gern weiter!